酱酒酿造技术

主　编　廖相鹏　马　懿　沈　毅
副主编　施林敏　李子健　姚　静　王　西
参　编　李祥文　陈林丽　黄雅琪　徐爱玲
　　　　陈　锐　李丝语　苟丹丹　罗　青

北京理工大学出版社
BEIJING INSTITUTE OF TECHNOLOGY PRESS

内 容 简 介

本教材适用于《职业教育专业目录（2021）》中新增的酿酒工艺与技术专业，为解决新专业教材稀缺问题而开发，既可作为酿酒工艺与技术及相关专业教科书，也可作为酿酒工程专业实践参考书，还可作为酱酒企业员工的培训手册。本书编者中，既有四川郎酒股份有限公司的正高级工程师、中国首席品酒大师，也有四川轻化工大学生物工程学院的教授、学科带头人，还有学校一线教师。本教材结构合理、特色鲜明、体现适应性。本教材呈现模块化结构，以工艺为主线，详细介绍酱香型白酒酿造的技术要点和操作规范，结合企业实际操作案例，力求做到内容全面、系统、实用。本教材注重信息技术与课程融合，建设了丰富的配套学习资源，帮助学习者开展线上线下立体式学习活动。

图书在版编目（CIP）数据

酱酒酿造技术 / 廖相鹏，马懿，沈毅主编. -- 北京：
北京理工大学出版社，2025.1.
ISBN 978-7-5763-5086-9

Ⅰ. TS262.3

中国国家版本馆 CIP 数据核字第 2025BW5998 号

责任编辑: 孟祥雪 　　**文案编辑:** 孟祥雪
责任校对: 周瑞红 　　**责任印制:** 施胜娟

出版发行 / 北京理工大学出版社有限责任公司
社　　址 / 北京市丰台区四合庄路 6 号
邮　　编 / 100070
电　　话 /（010）68914026（教材售后服务热线）
　　　　　　（010）63726648（课件资源服务热线）
网　　址 / http://www.bitpress.com.cn

版 印 次 / 2025 年 1 月第 1 版第 1 次印刷
印　　刷 / 定州启航印刷有限公司
开　　本 / 889 mm × 1194 mm　1/16
印　　张 / 9
字　　数 / 180 千字
定　　价 / 65.00 元

酱香型白酒是中国传统白酒中的瑰宝，以其独特的酿造工艺、复杂而协调的香味成分以及醇厚丰满的口感著称于世。随着人们生活水平的提高和消费观念的转变，酱香型白酒在市场上的需求日益增长，其独特的品质和魅力也赢得了越来越多消费者的青睐。

党的二十大报告提出："必须坚持在发展中保障和改善民生，鼓励共同奋斗创造美好生活，不断实现人民对美好生活的向往。"为了满足酱香型白酒市场对专业人才的需求，提高酿酒技术水平和产品品质，我们编写了这本《酱酒酿造技术》。本教材以习近平新时代中国特色社会主义思想为指导，贯彻落实党的二十大精神，旨在传承和弘扬酱香型白酒的酿造文化，培养更多的酿酒专业人才，为酱香型白酒行业的持续健康发展提供有力的人才保障和技术支持。

本教材详细介绍了酱香型白酒的原料选择、制曲工艺、发酵管理、蒸馏取酒、陈酿与勾调等各个环节的技术要点和操作规范，同时还对酱香型白酒的品质控制和品鉴技巧进行了深入的探讨。在编写过程中，充分结合酱香型白酒酿造的实际操作案例，力求做到内容全面、系统、实用。

本教材采用模块任务的体例，注重理论与实践的结合，通过大量的实战操作和品鉴实践，帮助学生更好地理解和掌握酱香型白酒的酿造技术。鼓励学生在实际酿酒过程中不断尝试和创新，将所学知识转化为实际的生产力，为酱香型白酒行业的创新发展贡献自己的力量。通过本教材的学习和实践，学生能够全面掌握酱香型白酒的酿造技术，提高自己的酿酒水平和品鉴能力，为酱香型白酒行业的繁荣和发展做出积极的贡献。

本教材建议学时为 72 学时，具体学时分配见下表（仅供参考）：

教学内容	参考学时
模块一："午" ——端午制曲	15
模块二："2" ——两次投粮	8
模块三："9" ——九次蒸煮	8
模块四："8" ——八次发酵	12
模块五："7" ——七次取酒	12
模块六："存" ——酱酒储存	9
模块七："调" ——酱酒勾调	8

　　本教材既可作为酿酒工艺与技术及相关专业教科书，也可作为酿酒工程及相关专业的实践参考书，还可作为酱香型白酒生产人员的培训手册。本书模块一由廖相鹏和陈林丽编写，模块二由李祥文、陈锐和苟丹丹编写，模块三由李子健和罗青编写，模块四由施林敏和徐爱玲编写，模块五由姚静和黄雅琪编写，模块六由马懿和李丝语编写，模块七由沈毅和王西编写。由廖相鹏、马懿、沈毅、施林敏、姚静统稿校稿。

　　本教材在编写过程中借鉴了许多专家、学者的经典理论和著作、文献，并参考了许多网站的资料，在此向相关人员表示衷心感谢。

　　最后，我们要感谢所有为本教材编写和出版付出辛勤努力的专家和同仁，他们用智慧和汗水为本教材的完成奠定了坚实基础。同时，我们也期待广大读者和学员在使用过程中提出宝贵意见和建议，以便我们不断完善和更新教材内容，为酱香型白酒行业未来发展贡献更多的智慧和力量，共同推动中国酿酒文化传承和发展。

　　由于编者水平有限，书中难免存在疏漏和不妥之处，敬请专家、学者、读者批评指正，以不断修订完善。

编　者

目录

模块一

"午"——端午制曲

　　端午制曲是酱香型白酒酿造工艺中极为重要的一环，端午时节，天气转热，温度升高，微生物勃发，更有利于酱香型白酒大曲的生产制作。在端午时节的自然条件下，经过精细的制曲工艺和长时间的发酵储存后的优质原料，为酱香型白酒提供了独特的香味物质和稳定的发酵剂，保障了酱香型白酒的高品质。

　　端午制曲的主要原料是颗粒饱满、色泽气味正常、无虫蛀霉变的优质小麦，其经过粉碎和加水拌和后装入制曲池中，拌上一定量的母曲（陈曲），以引入有益的微生物种群，经过踩曲、堆曲、发酵与储存等环节，保证产出优质大曲。

　　在本模块，首先，应深入理解大曲在酱酒酿造中的重要作用及其原理，包括大曲的种类、制作工艺、微生物组成及其对酒质的影响等；其次通过实践操作，掌握大曲的制作和发酵技术，包括原料选择、粉碎压制、发酵条件控制等关键环节；再次，积极探索大曲制作和发酵技术的新方法、新工艺，以提升酱酒的品质和风味；最后，在学习酱酒酿造技术的同时，还应注重对传统文化的传承与发扬，了解酱香型白酒酿造的历史渊源、文化内涵以及大曲在其中的重要地位，培养文化自信和民族自豪感。

　　制曲流程如下：

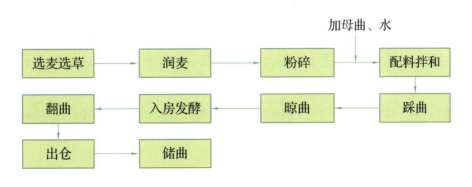

任务一　选麦选草

> 知识目标：正确判断制曲所需小麦和稻草的质量标准。
>
> 　　　　　熟知制曲所需小麦的类别及标准。
>
> 能力目标：能独立完成小麦与稻草的物理检验。
>
> 　　　　　能合作完成小麦化学检测。
>
> 素养目标：注重科学实践，提高学生食品安全意识。

一、任务导入

小陈是一名酒企新入职的员工，在酒企王师傅的带领下参观酒厂后，他很好奇，为什么简单的小麦、高粱能生产出这么神奇的酒？于是，王师傅把小陈带到了制曲工厂。在这里，他将开启对酒全新的认识。

二、任务分析

小陈进入制曲工厂后看到了一片忙碌的景象。在这里，王师傅将带领小陈认识制曲的原料和辅料，筛选制曲原料和辅料的方法，掌握原料和辅料质量标准及检测方法。

（一）原辅料

1.小麦的作用

"曲为酒之骨"，曲在白酒酿造中起着举足轻重的作用。酱香型白酒使用高温大曲酿造而成，小麦是制曲的唯一原料，其品种、品质尤为重要。

小麦含有丰富的蛋白质、淀粉、糖类、纤维素以及矿物质等营养成分，这些成分对大曲质量至关重要。在大曲的发酵过程中，小麦中的蛋白质经过微生物和酶的作用，分解为氨基酸和小分子肽，这些物质是酒体中香味的重要来源。淀粉和糖类是大曲微生物生长繁殖的主要能量来源，小麦皮层富含纤维素，有助于增加曲块的透气性，有利于微生物的生长和繁殖；纤维素还能维持原料的形态，使发酵过程更加稳定和可控。小麦中的矿物质（如钙、镁、锌等）参与微生物的代谢过程，提高酶的活性，有助于促进微生物的生长和代谢，从而提高大曲质量。

2. 小麦的种类

中国小麦（见图 1.1.1）栽培遍及全国，据农业农村部资料，小麦主产区为河北、山西、河南、山东、安徽、湖北、江苏、四川、陕西等。我国根据小麦籽粒的季节、皮色、粒质，将小麦分别分为春小麦、冬小麦；白小麦、红小麦；硬质小麦、软质小麦。

（1）根据播种季节，将小麦分为春小麦和冬小麦两种。春小麦是春天播种、秋天收割的小麦；冬小麦则是秋冬播种、第二年春夏收割的小麦。这两种小麦在生长习性上也有所差别，如冬小麦抗寒性强，口感比春小麦好，但春小麦的产量高。

（2）根据小麦籽粒的皮色不同，将小麦分为白小麦、红小麦等种类。其中，白小麦的皮层呈白色或黄白色，适合制作沙拉、米粉等口感相对较软的食品；红小麦的皮层则呈深红色或红褐色，适合制作意面、饺子皮等食品。

（3）根据小麦胚乳结构（即麦粒硬度）的不同，将小麦分为硬质小麦和软质小麦两种类型。硬质小麦的胚乳结构紧密，断面呈半透明状，玻璃质含量不小于 70%，含有较高的蛋白质，面筋筋力较强，主要用于制作需要更多发酵膨胀的食品，如意面和面包等；而软质小麦的胚乳结构疏松，断面呈石膏状，粉质率不低于 70%，蛋白质量较低，面筋筋力较弱，适用于制作蛋糕、饼干等不需要过多发酵膨胀的食品（见图 1.1.1）。

（a） （b）

图 1.1.1 软、硬质小麦断面对比
（a）软质小麦；（b）硬质小麦

3. 小麦的选择

小麦营养成分中，淀粉含量最高，占 60%~70%。根据结构差异，淀粉分子主要分为直链淀粉和支链淀粉两类。糯性的高粱、大米、玉米等的淀粉，大多是支链淀粉；而粳性粮谷，直链淀粉占比较高，大约有 80%，支链淀粉占 20% 左右（见图 1.1.2）。

（1）直链淀粉：由大量葡萄糖分子组成不分支的链状结构。其相对分子质量为几万至几十万；遇碘变蓝，易溶于水，溶液黏度不大，容易老化，酶解较完全。

（2）支链淀粉：呈分支的链状结构，易形成螺旋结构。其相对分子质量为几十万至几百万；遇碘变棕，热水中难溶解，溶液黏度较高，不容易老化，糖化速度较慢。

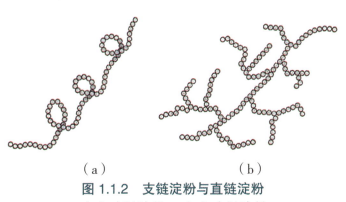
（a） （b）
图 1.1.2 支链淀粉与直链淀粉
（a）直链淀粉；（b）支链淀粉

小麦籽粒中的蛋白质含量仅次于淀粉，是小麦主要成分的第二大组成部分。蛋白质是由 α－氨基酸形成的多肽链以特定方式结合成的高分子化合物。根据蛋白质溶解性不同，分为清蛋白、球蛋白、醇溶蛋白和谷蛋白，其中清蛋白和球蛋白属于可溶性蛋白，清蛋白可溶于水，球蛋白可溶于 10% NaCl。醇溶蛋白和谷蛋白属于不可溶蛋白。而小麦中的面筋是蛋白质的特殊存在形式，主要由醇溶蛋白和谷蛋白构成，面筋具有很强的延展性和弹性，是评价小麦加工品质的重要指标。

制曲一般采用软质小麦。在制曲过程中，硬质小麦比软质小麦脆，粉碎时颗粒过多，踩制的曲块紧，导致发酵中后期温度低，水分不易蒸发，曲心霉变较多，糖化力过高；而软质小麦的蛋白质含量相对较低，淀粉含量高，有利于微生物和生化酶的富集，有利于大曲的发酵生香和生物酶类物质累积。此外，软质小麦通常具有更高的淀粉含量和较低的蛋白质含量，这种成分使得软质小麦更适合用于制曲，低蛋白质含量则有助于减少在发酵过程中可能产生的不良化学反应。软质小麦的淀粉和蛋白质之间的结合更容易破裂，这使得软质小麦能够在制曲过程中为微生物生长繁殖和生物化学反应提供更多的物质来源。

4. 稻草

稻草一般指脱粒后的稻秆。稻草在保证制曲工艺的"保温"和"排潮"中将它的作用发挥得淋漓尽致。酒厂堆曲时，先使用稻草将墙面和曲块隔开，同时在地面上铺一层稻草，把整个曲块用稻草包裹住，层与层之间、块与块之间均覆盖厚厚的稻草层。稻草作为制曲过程的辅料，在保证大曲质量上也起着至关重要的作用，能够锁住水分，最大限度地保证曲块温度的恒定，同时也能为曲块提供重要的微生物。曲块经过40天高温发酵后制作完成，成品酒曲入库后，用过的稻草要被细细筛选，选出可再用的曲草（称为母草），待下轮次生产使用。一般要求堆曲中所用的稻草必须新旧混合使用，不允许出现单使用新稻草或旧稻草的情况，新稻草主要起保温排潮作用，母草用来培菌接种（见图 1.1.3 和图 1.1.4）。

图 1.1.3　新稻草

图 1.1.4　旧稻草

（二）感官标准

1. 小麦

参考小麦国家标准（GB 1351—2008），感官上必须达到以下要求：颗粒饱满、无虫蛀、新鲜、不霉变、水分适宜、具有本品特有的清香味、无异杂味、无泥沙及其他杂物（见图 1.1.5 和图 1.1.6）。

图 1.1.5　合格小麦

图 1.1.6　不合格小麦

2. 稻草

稻叶与稻秆应共同存在，色泽应呈白色、黄色；新鲜干燥；稻头无黑头；无霉变；无异味且具有稻草特有的香味；有骨力（取适量样品，双手同时向外用力拽，样品发出的声音清脆）。整体主干部分长度 ≥ 70 cm，色泽异常谷草总量 ≤ 5%，色泽异常部分长度 ≤ 5 cm。

三、任务实施

小陈进入制曲工厂后，跟随师傅学习制曲的第一个步骤：选粮。主要是对小麦进行感官和化学检测以及对辅料稻草进行感官检测。

将学生分为 4~6 人一组，领取实验材料与工具，填写小组任务分配表（见表 1.1.1）。

表 1.1.1　小组任务分配表

第　组	姓名	分工
组长		
组员		
组员		
组员		
组员		
组员		

（一）小麦

1. 物理检测

参考小麦国家标准（GB 1351—2008），感官上必须达到上文所说的感官标准。检测指标见表 1.1.2。

表 1.1.2　小麦质量指标

色泽气味	容重/(g·L⁻¹)	杂质/%		不完整颗粒/%		硬度
色泽与实物标样相符；具有本品特有的清香味；无异杂味	≥ 770	总量	矿物质	总量	霉变粒	≤ 540
		≤ 1.0	≤ 0.5	≤ 4.0	≤ 1.5	

抽样（所有袋装原料）：从总袋数的 2%~5% 袋中取样；从堆的四角（上、下、左、右）及中心部位（上、中、下）取样。

（1）气味鉴定。

将试样放入密闭的磨口瓶中，然后置于 60~70℃的温水中保温 3 min 左右，取出，开盖嗅辨气味是否正常，对不正常的应加以说明。

（2）硬度测试。

按照小麦硬度指数测定仪使用说明书对小麦硬度进行测定，并记录数据。

酱香型白酒制曲所用小麦的硬度标准为 48.0~55.0。这个标准是基于对小麦硬度指数的测定，通过《小麦硬度测定硬度指数法》（GB/T 21304—2007）进行测定。硬度指数越大，表明小麦硬度越高，反之则硬度越低。

酱香型白酒制曲所用小麦的硬度指数应为 48.0~55.0，以确保制曲的质量和出酒率。

（3）杂质的测定。

在投料前，取投料量的 0.5%~1.0% 试样，称重。以 40 目的筛子过筛（见图 1.1.7），选出大块砂、石子等夹杂物，称重。将筛下的含砂细粉称重，并测定其淀粉含量。

图 1.1.7　40 目的筛子

$$夹杂物（\%）= \frac{w}{W} \times 100\%$$

式中：w——试样中杂质质量，单位为 g；

　　　W——试样总质量，单位为 g。

（4）粮食容重测定。

从平均样品中分取试样约 1 000 g，按规定的筛层分几次进行筛选，取下层筛筛上物混匀作为测定容重的试样。容重器如图 1.1.8 所示。

杂质测定和粮食容重测定试验分别做两次，两次检验结果之差不超过 3 g/L，求其平均数，即为测定结果。

依次对表 1.1.3 中指标进行检测。

图 1.1.8　容重器

表 1.1.3　原料检验记录

序号	质量指标	检验结果	合格	不合格	备注
1	不完善颗粒				
2	杂质				
3	容重				
4	硬度				
5	无异杂味				
核验结论：　　　　　合格□　　　　　不合格□　　　　日期：					

2. 化学检测

小麦主要理化成分标准见表 1.1.4。

表 1.1.4　小麦主要理化成分标准

名称	水分	粗淀粉	粗蛋白	粗脂肪	粗纤维	灰分
含量 /%	12.8	61.0~65.0	7.2~9.8	2.5~2.9	1.2~1.6	1.7~2.9

（二）稻草

从感官而言，稻草色泽应呈白色、黄色；新鲜干燥；无霉变；无异味；有骨力（取适量样品，双手同时向外用力拽，样品发出的声音清脆）。整体主干部分长度 ≥ 70 cm，色泽异常稻草的总量 ≤ 5%，色泽异常部分的长度 ≤ 5cm（见表 1.1.5）。

表 1.1.5　稻草质量指标

感官指标	色泽白色、黄色；新鲜干燥；无霉变；无异味；有骨力
整体长度	主干部分 ≥ 70 cm，枝叶不计算在整体长度内
色泽异常稻草的总量	≤ 5%
色泽异常部分的长度	≤ 5 cm

对表 1.1.6 中指标进行检测。

表 1.1.6　辅料检验记录

序号	质量指标	检验结果	合格	不合格	备注
1	稻谷味纯正				
2	无异味				
3	无霉味				
4	色泽金黄				
5	有骨力				
核验结论：　　　　　合格□　　　　　不合格□　　　　日期：					

经过观看选粮的内容后，小陈了解了小麦与稻草的检测过程，迫不及待地想要进入实训基地进行练习。于是，在王师傅的引导下，开始进行实验。质检项目表如表 1.1.7 所示。

表 1.1.7　质检项目表

分析项目	含量 /%	是否达标
杂质		
淀粉		
水分		
容重		
矿物质		
不完整颗粒		

四、考核评价

（一）企业教师评价

企业教师评价表见表 1.1.8。

表 1.1.8　企业教师评价表

序号	评价内容	满分	实得分
1	课前准备充分，实验后桌面整洁，实验器材摆放整齐	10	
2	操作过程准确、熟练	20	
3	实验记录清楚准确	20	
4	通过实验，掌握该节基本理论知识与方法	25	
5	理论联系实践，能将课堂知识应用到实际情境中	25	
总评:			

（二）评价反馈

考核评价表见表 1.1.9。

表 1.1.9　考核评价表

序号	评价项目	评价内容	分值	学生组内互评占 20%	学校教师评价占 40%	企业教师评价占 40%	合计
1	职业素养30分	分工合理，制订计划能力强，严谨认真	5				
		爱岗敬业、安全意识、责任意识、服从意识	5				
		团队合作、交流沟通能力	5				
		遵守行业规范、现场 6S 标准	5				
		主动性强，保质保量完成工作页相关任务	5				
		能采取多样化手段收集信息，解决问题	5				

序号	评价项目	评价内容	分值	学生组内互评占20%	学校教师评价占40%	企业教师评价占40%	合计
2	职业技能60分	准备工作充分	10				
		质检规范操作	20				
		检验品符合标准	20				
		操作过程严肃认真、精益求精	10				
3	知识素养10分	认知小麦的分类与主要成分	5				
		能够完成合格小麦和稻草的感官评价	5				
	合计		100				

评价人签名：

时间：

（三）课后习题

现在某酒企业与一家公司达成合作，准备使用该公司提供的小麦和稻草进行制曲，假如你是该企业质检员，你将从哪几个方面对合作公司提供的原辅料进行检验选料？

五、拓展延伸

小麦的"前世今生"

大约1 200万年前，全球最后一次冰川期，狩猎和采集的生活方式受到了威胁，人类开始尝试把野生的植物栽培起来，经历了长期的采集种植，到了新石器时期，小麦终于被人类驯化为栽培种。

大约5 000年前，小麦沿着史前的青铜之路，从西亚传进中国北方，4 000年前的夏朝初期，淮北一带已经有了小麦的栽培种，到了春秋战国时期，小麦种植已遍布黄河流域、淮河流域、江南部分区域以及内蒙古自治区的南部，并逐渐扩散到长江以南部分区域，北宋初年更是小麦向南部扩展的关键时期，明朝初期小麦遍及中国，成为中国主流的粮食作物。

作为一个农耕文明发达的饮食大国，从古代文人的诗词歌句"夜来南风起，小麦覆陇黄""大杏金黄小麦熟，堕巢乳雀拳新竹"，以及现代朗朗上口的谚语"冬天麦盖三层被，来年枕着馒头睡"，我们仿佛可以看到小麦的生长和成熟时节的场景，这也反映出小麦作为一种不可或缺的食物原料，它承接了人民对食物的基本追求和人文情愫。

小麦作为世界主要粮食作物，因其适应性强而广泛分布于世界各地。不同地区也衍生出了不同品种的小麦。在我国，小麦也被广泛种植，北起黑龙江，南至广东，西起天

『午』——端午制曲

山脚下，东至沿海各地以及台湾省，都有小麦种植。小麦的分布一般以长城为界，长城以北为春小麦，以南则为冬小麦，我国以冬小麦为主。

冬小麦从播种到收获，需要历经 8 个月左右的生长周期，可分为三阶段，12 个生育期。小麦的一生中从出苗到返青的这段生长时间是小麦的第一个生长阶段，人们称之为营养生长阶段，这一时期的小麦主要以吸收前期种子自身营养生长为主；第二个生长阶段是指小麦从返青期开始到抽穗期的这段时间，这是小麦以开始返青后生长发育，拔节抽穗，也叫营养生长与生殖生长并进的阶段；第三个阶段是指小麦从抽穗到成熟的这个生长阶段，是小麦的生殖生长阶段。12 个生育期分别播种期、出苗期、分蘖期、越冬期、返青期、起身期、拔节期、孕穗期、抽穗期、扬花期、灌浆期和成熟期。在这 12 个生育期中，为保证小麦的苗壮成长，种植人员对每个生育期都会进行具有针对性的病虫害防治。

在经历无数次 8 个月的交替轮回中，小麦见证了世界人类文明的变化和发展，它是人类古代文明的见证者，也是人类现代文明的参与者。人类也是依赖着小麦的营养供给，得以在这个地球上不断延续，生生不息。

任务二　润麦碎麦

知识目标：掌握润麦碎麦的标准与要求。
　　　　　理解润麦碎麦对大曲品质的重要性。
能力目标：能进行润麦碎麦粉碎的正确操作。
　　　　　熟知润麦碎麦的质量标准。
素养目标：养成严谨细致、实事求是的品质。

一、任务导入

小陈在亲身经历选粮后，对下一步充满了好奇，在王师傅的带领下，继续在制曲工厂进行学习。在经历了制曲原料及辅料的选取后，再将选出的小麦用 40℃ 以上的水进行拌和，在经历 10 个多小时的浸泡后通过辊式破碎机进行粉碎。润麦碎麦在酿造具有独特风味的酱香型白酒过程中具有重要作用。让我们跟着小陈来一同进行学习探索吧。

二、任务分析

"酿酒必先制曲。"酱酒制曲的基本工艺为：选择制曲原料—润麦—曲料粉碎—曲料配比—踩曲制坯—曲坯培养—成品曲质量鉴定。制曲以高温为关键特性，大曲酱香的出酒率一般为 23% 左右。

（一）润麦的作用

（1）调节水分：通过润麦使小麦等制曲原料吸收适量的水分，以保证后续生产工艺对原料水分的需求。这为后续曲坯发酵打下了坚实的基础。

（2）增加皮层韧性：润麦后，小麦或高粱的皮层会吸收水分并增加韧性。这为后续的破碎工序达到心烂皮不烂打下了坚实的基础。

（3）提高出粉率：由于小麦各部分对水分的吸收和分配不同，润麦后皮层与胚乳之间的黏结会松动。这使得在后续的研磨过程中，细粉、粗粉、麸皮更易于分离，从而为后续曲坯发酵提供营养物质。

（4）软化胚乳：胚乳是种子储藏营养物质的部分，粉碎后的麦乳释放的淀粉可以通过糖化过程产生大量的可发酵糖分，为微生物生长提供充足的能量来源。所以，胚乳为制作大曲的主要原料之一。通过润麦，胚乳能够吸收足够的水分并变得柔软，这样在后续的研磨或发酵过程中就能更高效地破碎或转化，节省动力消耗（见图 1.2.1）。

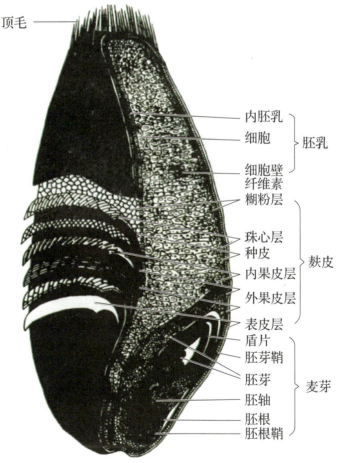

图 1.2.1　小麦结构示意

（标注：顶毛、内胚乳、细胞、细胞壁纤维素、糊粉层、珠心层、种皮、内果皮层、外果皮层、表皮层、盾片、胚芽鞘、胚芽、胚轴、胚根、胚根鞘；胚乳、麸皮、麦芽）

（二）润麦的工艺要求

（1）加水量：加水量应适中，一般按粮水比 100∶（3~8），或约为小麦重量的 20%，确保小麦能充分吸收水分而不至于过分湿润。

（2）润麦时间：时间通常控制在 2~4 h，根据小麦的吸水性和季节变化可适当调整。硬质麦的润麦时间相对较长，冬季可能在 24~32 h，其他季节在 20~24 h；软质麦的润麦时间相对较短，冬季在 20~30 h，其他季节在 16~24 h。

（3）润麦温度：温度需适宜，一般夏天保持在 40℃左右（也有说法为 60℃左右，南

模块一

『午』——端午制曲

方夏季可用常温水），冬天以 60~80℃为宜，确保小麦能在适宜的温度下吸收水分。

（三）润麦的感官标准

（1）手感：麦粒应该呈现出一种既不粘手也不过于干燥的状态。具体来说，用手捏麦粒时，能够感受到一定的湿润感，但并不会因为水分过多而粘在手上。同时，粮粒之间也不会因为水分不足而相互粘连或产生干粉。

（2）成团性：用手捏粮粒时，麦粒应该能够较为轻松地聚集成团，而不会立即散开。这表明麦粒已经吸收了适量的水分，为后续的曲坯发酵打下了良好的基础。

（3）弹性：捏成的麦团应该具有一定的弹性，松开手后能够迅速恢复原状。这反映了粮粒内部结构的稳定性，以及水分分布的均匀性。

（4）颜色：经过润水处理后的粮粒，颜色应该更加均匀且略显暗黄或黄褐色，这是水分渗透和麦粒内部物质发生变化的体现。

（5）表面状态：麦粒表面应该保持光滑且无明显裂纹或破损。这表明润水处理过程中没有造成麦粒的机械损伤。

总结可知，润麦的感官标准：小麦表皮略湿润、中心干白、用牙咬不粘牙、内心有干脆响声。

润麦结束后要对小麦进行粉碎，粉碎后的小麦有三种存在形式，分别为细粉、粗粉、麸皮（见图 1.2.2）。

图 1.2.2　小麦粉碎后的三种存在形式（从左到右，依次为细粉、粗粉、麸皮）

（四）碎麦的作用

（1）生成风味物质：碎麦中的淀粉转化成糖，蛋白质分解成氨基酸，氨基酸在高温条件下与还原型单糖发生美拉德反应而生成酱香物质，如醛、酮类和吡嗪类化合物，以及氨基酸脱氨脱羧反应形成的大量高级醇，这些物质是产生酱酒香气的前体物质。

（2）促进微生物生长：碎麦的颗粒状态和营养成分有利于微生物的生长和繁殖，这些微生物在高温大曲的制作过程中起关键作用，能够产生酿酒中所需要的糖化酶和酒化酶。

（五）碎麦的工艺要求

（1）粉碎度：粉碎太粗时，曲坯黏着力不强，不利于曲坯的成型，易掉边缺角，曲坯升温快，中挺时间不足，后火无力；粉碎太细时，曲粉吸水强，黏着紧，不利于曲坯透气，无法形成兼性厌氧的发酵条件，发酵时水分不易挥发，难以达到顶点品温。

（2）工艺要求：将小麦压成烂心不烂皮的"梅花瓣"状（见图1.2.3）。对于酱香型白酒，在制造高温大曲过程中，碎麦后细粉、粗粉、麸皮的比例并不是固定的，但通常细粉和粗粉的比例大致相等或粗粉略多一些。关于麸皮，有些工艺中可能会使用，但并不是所有酱香型白酒的高温大曲制作都需要添加麸皮。如果添加，其比例也会根据具体工艺需求进行调整。

图 1.2.3　烂心不烂皮——"梅花瓣"状破碎小麦

三、任务实施

小陈继续跟随王师傅学习制曲的第二个步骤：润麦碎粮，首先记录单批次需要润粮的小麦重量、润麦水分、润麦时长（见表1.2.1），实现并满足生产工艺所需要的技术参数，一般情况下为加入3%~9%的水，水温控制在40℃以上，边拌和边加水，翻拌至少两次及以上，要求润水均匀。

表 1.2.1　润粮重点

名称	小麦重量 /kg	润麦水分 /%	润麦时长 /h
数目			

用辊式破碎机进行粉碎，通过粉碎操作工序，使小麦成为"心烂皮不烂"的"梅花瓣"状。粉碎度：通过20目筛（见图1.2.4）为细粉占40%~50%，粗粉占50%~60%。

图 1.2.4　20 目筛图示

　　观看了碎粮的过程后，小陈了解了辊式破碎机的工作原理，在看过王师傅的演示并与其经验交流后迫不及待想要进行实践。于是，在王师傅的引导下，3~6 人分为一组，开始了他的实践之旅。领取实验材料与工具，填写小组分工表（见表 1.2.2）。

表 1.2.2　小组分工表

第　　组	姓名	分工
组长		
组员		
组员		
组员		
组员		
组员		

四、考核评价

（一）企业教师评价

　　企业教师评价表见表 1.2.3。

表 1.2.3　企业教师评价表

序号	评价内容	满分	实得分
1	课前准备充分，实验后桌面整洁，实验器材摆放整齐	10	
2	操作过程准确、熟练	20	
3	实验记录清楚准确	20	
4	通过实验，掌握该节基本理论知识与方法	25	
5	理论联系实践，能将课堂知识应用到实际情境中	25	
总评：			

（二）评价反馈

考核评价表见表1.2.4。

表1.2.4　考核评价表

序号	评价项目	评价内容	分值	学生组内互评占20%	学校教师评价占40%	企业教师评价占40%	合计
1	职业素养30分	分工合理，制订计划能力强，严谨认真	5				
		爱岗敬业、安全意识、责任意识、服从意识	5				
		团队合作、交流沟通能力	5				
		遵守行业规范、现场6S标准	5				
		主动性强，保质保量完成工作页相关任务	5				
		能采取多样化手段收集信息，解决问题	5				
2	职业技能60分	准备工作充分	10				
		质检规范操作	20				
		检验品符合标准	20				
		操作过程严肃认真、精益求精	10				
3	知识素养10分	掌握润麦碎麦的要求	5				
		理解润麦碎麦对制曲的重要性	5				
	合计		100				
评价人签名： 时间：							

（三）课后习题

1. 在本次任务实践过程中，用文字描述出润麦的翻拌方法以及翻拌后的粮堆要求。
2. 如何检验小麦的粉碎度是否符合碎粮工艺的标准？

五、拓展延伸

磨碎粮食的工具——石磨

石磨的发明人——鲁班。

鲁班原名公输般，是中国古代一位优秀的创造发明家。他生活在春秋末期，因为他是鲁国人，所以又叫鲁班。据说他发明了木工用的锯子、刨子、曲尺等。他还用他的智慧解决了人们生活中的不少问题。当时人们吃米粉、麦粉，都是把米、麦放在石臼里，用粗石棍来捣。用这种方法很费力，捣出来的粉有粗有细，而且一次捣得很少。

模块一

「午」——端午制曲

鲁班想找一种用力少收效大的方法。就用两块有一定厚度的扁圆柱形的石头制成磨扇。下扇中间装有一个短的立轴，用铁制成，上扇中间有一个相应的空套，两扇相合以后，下扇固定，上扇可以绕轴转动。两扇相对的一面，留有一个空腔，叫磨膛，膛的外周制成一起一伏的磨齿。上扇有磨眼，磨面的时候，谷物通过磨眼流入磨膛，均匀地分布在四周，被磨成粉末，从夹缝中流到磨盘上，过箩筛去麸皮等就得到面粉。

磨，最初叫硙（wèi），汉代才叫作磨（见图1.2.5）。

石磨是用于把米、麦、豆等粮食加工成粉、浆的一种机械。开始用人力或畜力，到了晋代，中国劳动人民发明了用水作动力的水磨。水磨通常由两个圆石做成。磨是平面的两层，两层的接合处都有纹理，粮食从上方的孔进入两层中间，沿着纹理向外运移，在滚动过两层面时被磨碎，形成粉末。

图1.2.5　石磨

石磨的发明和使用体现了人类对自然界的认知和改造能力，体现了勤劳和智慧，也是中华儿女团结与和谐的象征。在古代，石磨的使用通常需要家庭成员共同参与，且石磨作为一种古老的研磨工具，承载了丰富的历史文化信息，与众多传说和故事相关联，成为传统文化的重要组成部分。石磨的制作材料是天然的石头，象征着自然和环保。

任务三　投料拌曲

知识目标：掌握物料配比的公式及其计算方法。

能力目标：能够独立完成物料的计算，并能根据实际情况对用料比例进行调整。正确进行人工拌曲的操作。

素养目标：养成积极思考和科学严谨的态度。

一、任务导入

小陈在完成润麦碎麦后，在王师傅的带领下开始进行投料拌曲的学习。

在跟随车间师傅学习投料的操作过程中，他需要学会计算三种制曲原料——粗麦粉、母曲和水的用量及比例，并对三种原料按正确操作进行均匀拌和。

二、任务分析

投料拌曲主要包括物料计算和拌曲两个环节。物料计算是指计算小麦、水、母曲分别投料的比例；拌曲是指将计算好的物料拌和均匀。

（一）物料计算

原料小麦经过润料、粉碎之后，先加入母曲，再加水拌和，需要对粗麦粉母曲和水的比例进行严格计算。

1. 母曲

母曲是前一年生产出的优质成曲。母曲中含有多种酶和营养物质，这些物质可以为发酵过程提供必要的营养；同时，母曲中含有较多的有益微生物。在制曲过程中，加入母曲可以显著增加曲坯中的有益微生物数量。此外，母曲质量相对稳定，能够保证发酵的稳定性和一致性。

母曲的添加要根据气候条件的不同，确定使用量。夏季，母曲的加入量为 4%~5%；冬季，母曲的加入量为 5%~8%。母曲需要单独存放，确保通风、不受潮、不受感染、不受虫蛀等，并且使用时为方便拌料均匀，粉碎越细越好。在投入生产前，先对母曲进行感官检查，如颜色、气味，特别是有霉变、异香异味的切忌使用。

2. 水的用量

在搅拌曲料时需要加水，一般加水量为原料量的 37%~40%。加水量过多和过少都会影响曲的质量。加水量过多时，曲坯容易被压得太实，霉菌生长旺盛，升温快而猛，温度不易散失，水分不易挥发，影响入房发酵培菌；加水量过少时，曲料吸水慢，曲坯易散。由于不能提供微生物生产繁殖代谢所需的水分，霉菌、细菌和酵母不能正常生长和繁殖，曲坯发酵不透，大曲品质不好。

3. 水的温度

拌料用水的温度以"清明前后用冷水，霜降前后用热水"为原则。热水温度控制在 60℃以内较好。水温过高会加速淀粉糊化或在拌料时淀粉糊化，发酵时过早生成酸、糖被消耗掉，造成大曲发酵不良，并且大曲的成型也差（又叫"烫浆"了）。但如果水温太低（特别是冬天），则会给大曲的发酵造成困难。低温曲坯中的微生物不活跃，繁殖代谢缓慢，曲坯不升温，无法进行正常的物质交换。所以，掌握好水的用量和温度对拌曲十分重要。

（二）拌曲

拌曲又叫拌料。拌料可确保微生物在后续的发酵过程中均匀地作用于原料，为微生物提供适宜的生长环境，促进微生物的繁殖和活动，从而增强发酵效果。拌料用料应准确，拌和无疙瘩、无水眼、无灰包、无生面现象，拌料后堆闷 5~10 min。否则，造成曲环结构松紧不一，内含生面，发生曲坯断裂现象，其中裂缝是感染青霉菌的主要途径。

1. 拌曲方式

拌曲有人工拌料和机械搅拌两种。人工拌料是两人对立，用铁铲将粗麦粉加母曲、水均匀地拌和，一般时间为 1.5 min，曲料含水量在 38% 左右，标准是"手捏成团不粘手"，手工拌料的特点是操作复杂，体力劳动强，但易控制；机械拌料时，要待曲料落出搅笼时才能判定拌料是否合适，其特点是操作简单，但控制难度较人工大些，拌料的标准与人工拌料相同，只是含水量一般在 36% 左右。不管采用哪种拌曲方式，都是以曲坯的成型或含水量为其标准的。

2. 曲坯含水量

因曲料的品种不同，应不同对待，比如用三种原料和单一原料的曲坯含水量绝对不可相提并论。制曲工艺不同（如人工拌料、踩和机械搅拌），其曲坯含水量也不同。人工拌料、踩的曲坯含水量要大于机械操作。不同香型，对大曲制作的工艺要求也不同，特别是发酵周期不同和品温控制不同，其曲坯含水量也不同。一般而言，大曲水分不超过 40% 为宜。

重水分曲（水分在 40% 以上）：在发酵时排出的水分多，CO_2 也多，这样就会中止曲中的代谢或减少代谢的速度和产物积累的总量，特别是顶点温度来得快。由于水分大的关系，成品曲生酸量多，除有机酸（如柠檬酸、草酸、乳酸等）外，pH 也随之降低。一般重水分曲的酸度都在 1.5 以上，而常规水量（38% 左右）的酸度则不会超过 1。重水分曲的特点是"外观雅，曲心正，糖化力不高，酸度大"，故有"曲好看力不佳"之说。

从微生物的需求水分来看，一般规律是细菌 > 酵母菌 > 霉菌。细菌喜欢在高温大水环境中生长，发酵阶段的大火期以细菌占绝对优势；而霉菌在有足够水分的条件下，在发芽期和迟滞期明显增长，曲温超过 40℃ 以上时基本不再繁殖生长；培养基实验表明，霉菌的生长发育水分以 35% 左右为最佳。酵母菌不喜大水，低温（32℃）期酵母菌需水量为 30%~35%。

三、任务实施

小陈在学习碎粮操作后，跟随王师傅学习制曲的第三个步骤：投料。

（一）物料计算

当天车间的生产计划为将 100 kg 优质粗麦粉制成酒曲。小陈根据当天的生产任务按照配料比例计算出制曲原料粗麦粉、母曲和水的用量（见表 1.3.1）。母曲用量：夏季为 4%~6%，冬季为 5%~8%。母曲应用前一年生产的优质陈曲。拌料时加水量一般为原料的 22%~30%。

表 1.3.1 制曲原料比例

制曲原料	夏季	冬季
粗麦粉 /kg	100	100
母曲 /kg	4~6	5~8
水 /kg	22~30（冷水）	22~30（60℃以内热水）

（二）物料拌和

1. 手工拌料

王师傅先带小陈观摩学习手工拌料过程：两人对立，以每锅 100 kg 粗麦粉加老曲、水，使用铁铲均匀地拌和，曲料含水量在 38% 左右，感官标准是"手捏成团不粘手"。

2. 机械拌料

现代化车间一般使用机械拌料，小陈跟随车间师傅学习使用拌料机。要待曲料落入料箱时才能判定拌料是否合适，拌料的标准与人工拌料相同，只是含水量一般在 36% 左右。

3. 拌好的物料的检测

拌好的曲料感官检测标准为"握着聚、铺着散"（即用手握住能成块，一拍又能碎散开），"手捏成团不粘手"，无疙瘩、无水眼、无灰包、无生面现象。拌料的检测如图 1.3.1 所示。

图 1.3.1　拌料的检测

四、考核评价

（一）企业教师评价

企业教师评价表见表 1.3.2。

表 1.3.2　企业教师评价表

序号	评价内容	满分	实得分
1	课前准备充分，实验后桌面整洁，实验器材摆放整齐	10	
2	操作过程准确、熟练	20	
3	实验记录清楚准确	20	
4	通过实验，掌握该节基本理论知识与方法	25	
5	理论联系实践，能将课堂知识应用到实际情境中	25	
总评：			

（二）评价反馈

考核评价表见表1.3.3。

表1.3.3　考核评价表

序号	评价项目	评价内容	分值	学生组内互评占20%	学校教师评价占40%	企业教师评价占40%	合计
1	职业素养30分	分工合理，制订计划能力强，严谨认真	5				
		爱岗敬业、安全意识、责任意识、服从意识	5				
		团队合作、交流沟通能力	5				
		遵守行业规范、现场6S标准	5				
		主动性强，保质保量完成工作页相关任务	5				
		能采取多样化手段收集信息，解决问题	5				
2	职业技能60分	能独立完成物料计算	10				
		小组合作完成一次投料	20				
		判断本次投料是否成功	20				
		操作过程严肃认真、精益求精	10				
3	知识素养10分	掌握投料拌曲流程	5				
		能根据实际情况调整物料配比	5				
	合计		100				

评价人签名：

时间：

（三）课后习题

1. 投料拌曲环节中，大曲的添加与使用有什么要求？

2. 在实际操作过后，你认为手工拌料与机械拌料分别有哪些优缺点？

五、拓展延伸

母曲的秘密

母曲是指制作新酒曲时，用来给新曲作引子发酵的老酒曲，一般为前一年的优质大曲，它是由传承人从最初的曲蘖经代代相传驯化后得到的优质酒曲。酱香型白酒制曲一直遵从传统工艺，以曲养曲，优选母曲出来以后又去养其他的曲。这种经驯化之后得到的老酒曲质量相对稳定，菌群优良，有益微生物丰富，酿制出来的酒的质量也相对稳定。

对酿酒行业来说，"得微生物者得天下"，而酱香型白酒制曲过程的细菌主要来源于母曲、小麦和水，真菌则主要来源于母曲，酱香型白酒制酒过程的细菌主要来源于大曲。

母曲微生物结构组成及其稳定性受所在产区环境及技艺差异影响，微生物体系的稳定性正是传统工法长期"驯化平衡"的结果。

母曲的微生物体系复杂，这种复杂造就了传统白酒丰富的风味特征。每一个传统名优白酒背后都有一套经过历史和实践证明的传统制曲工法，以工匠技艺充分调动、平衡复杂的微生物体系，确保了母曲品质。但是，对于母曲中到底有多少微生物，它们来自哪里，它们之间怎么相处，怎样能够保持体系的稳定性，很多仍然是未知数。

"母曲"是传承了几百年的"老曲"。它是酱香大曲酒真正要传承之物。社会在变，环境在变，唯老曲不变也。

任务四　踩曲制曲

一、任务导入

小陈在王师傅的带领下完成了投料拌曲，迫不及待地进入踩曲制曲环节，在中国博大精深的酿酒文化中，酱香型白酒以其独特的风味和深厚的文化底蕴而备受推崇。而在这独特的酿造工艺中，踩曲、制曲无疑是至关重要的一个环节，因为这决定了大曲发酵的成功与否。

模块一

『午』——端午制曲

二、任务分析

踩曲、制曲是酿造酱香型白酒的首要步骤，酒曲中的微生物是酒体发酵的催化剂，为后续的发酵过程提供了必要的酶类和香气物质。踩曲，因其用脚踩踏使得曲坯成型，故称"踩曲"，这是使酒曲成型的重要步骤。通过踩曲，可以使酒曲更加紧实。此外，通过控制成型曲坯高度、松紧度、提浆效果等关键因素，可以调控微生物的生长代谢和酶类的产生情况，从而影响成品酒的风味和品质。

（一）踩曲的目的

（1）成型与密度控制：踩曲是为了使酒曲原料（主要是小麦）经过粉碎、搅拌后能够紧密地结合在一起，形成具有一定形状和密度的曲块。这种曲块有利于后续的发酵过程中微生物的生长和繁殖，同时也便于管理和操作。

（2）微生物分布：通过踩曲，可以使酒曲中的微生物分布更加均匀。在踩曲过程中，微生物会随着曲料的挤压和翻动而均匀地分布在整个曲块中，这为后续的发酵过程提供了良好的微生物环境。

（3）促进发酵：踩曲后形成的曲块具有一定的硬度和紧密度，能够保持一定的形状和稳定性。在发酵过程中，曲块内部的微生物能够充分利用氧气进行呼吸作用，产生热量和代谢产物，从而促进酒液的发酵和风味的形成。

（二）人工制曲

目前，制曲有机械制曲和人工踩曲两种。

在进行人工踩曲之前，踩曲场地和工具会提前进行清洁和消毒，以确保曲料不受污染。将拌匀的曲料放入木制模具中，由人工进行踩曲。踩曲力度要适中，既要保证酒曲的疏密适中，又要使颗粒足够细碎，以利于后续的发酵过程。

所以，踩曲的往往是年轻女子，一方面是女性的身体较为轻盈、灵活、肢体动作更为协调。身体较轻的女子（一般体重在 45~55 kg 的女子更适合踩曲）在把酒曲夯实的同时，也不会因为过重而把酒曲压得太紧，太紧会导致酒曲里的霉菌、微生物等没有发酵空间。另一方面，女性的体味较轻、汗液少、分泌物少，不会对酒曲的味道造成太大影响。

踩曲可由一人完成，在踩曲时，女工们会将拌混均匀的曲料装入曲模内。曲模的尺寸一般为 37 cm × 28 cm × 6 cm，以便制成的曲块能够满足后续发酵需求。装料时，注意控制曲料的量以确保曲块的质量和密度。接下来，女工们会按照特定的顺序和力度进行踩踏。首先，用脚掌从中心踩一遍，确保曲料的中心部分被充分压实。其次，用脚跟沿着曲模边缘进行踩踏，使曲块的四周也达到紧密的状态。最后，用脚掌、脚跟将曲坯表面反复溜光。这个过程中，她们会不断调整踩踏的力度和位置，以确保曲块整体呈现出中间高、四周低的龟背状（见图 1.4.1）。

踩好的曲块会被取出并晾置一段时间，以便其表面形成一定的硬度，曲坯由微黄色变为微乳白色，晾置完成后，曲块会被送入曲房进行后续的发酵和储存过程。

图 1.4.1　"龟背状"曲块

（三）曲块质量要求

成型曲坯要求"紧、干、光"。具体来说，"紧"指的是曲料要紧密无空隙，避免出现松散或空洞；"干"指的是曲料的湿度要适中，既不能过湿也不能过干，以保证发酵过程的顺利进行；"光"则指的是曲坯的表面要光滑平整，没有凸起或凹陷。踩好的曲块要求四角整齐、不缺边掉角、中间松、四周紧，呈龟背状。曲坯应外紧内松，这样便于粉碎发酵。

（四）人工制曲与机械制曲的区别

目前，越来越多的酱香型白酒企业开始采用机械制曲技术，以提高生产效率和产品质量。机械制曲技术不仅适用于大型酿酒企业，也适用于中小型酿酒企业，具有广阔的应用前景。随着酿酒技术的不断进步和消费者对白酒品质要求的不断提高，机械制曲技术将不断得到完善和推广，为酱香型白酒产业的发展注入新的活力。

机械制曲与人工制曲的区别主要体现在以下几个方面：

1. 温度控制

机械制曲：在多次制压过程中，曲块温度上升明显，可能会超出入仓时的常温要求。

人工制曲：踩曲时温度上升不明显，基本上可以保持室温。

2. 曲块密度与分布

机械制曲：难以保证曲块内部分布的密度均匀，过紧或过松都不利于曲块的发酵。

人工制曲：通过踩踏可以较好地控制曲块的密度和分布，有利于发酵。

3. 成型度与韧性

机械制曲：成型度和韧性相对较差。

人工制曲：成型度更高，韧性更好，有利于后续的发酵和酿造过程。

4.微生物接触

机械制曲：制曲应力度均匀，否则可能导致酒曲中的微生物过于粘连，不利于曲块与空气中的微生物接触。

人工制曲：通过多次踩踏，曲块中的空间大小不一，给予微生物更多的活动空间，有利于微生物的生长和繁殖。

综上所述，这些差异使得人工制曲在酱香型白酒酿造中具有独特的优势。

三、任务实施

在观摩了工人踩曲、制曲后，小陈在王师傅的带领下，开始进行踩曲、制曲实践操作。

（一）一人踩曲

小陈首先将经过预处理和调配的曲料细致地倒入曲模中。曲料需要保持适当的湿度和温度，以保证发酵的质量。接着，小陈需要根据曲料的性质和曲模大小，用脚掌和脚跟进行有序的踩踏。

小陈站在曲模中心位置，用脚掌轻轻地从中心开始，逐渐向四周扩散踩踏，确保曲料的中心部分能够均匀受力，紧密无空隙。

调整站位，用脚跟沿着曲模边缘进行踩踏。在踩踏过程中，需要特别注意边缘部分的压实度，以确保曲坯的形状规整，不易破裂。

（二）合伙踩曲

小陈与制曲车间工人共同协作，体验合作踩曲。通常是3~5人参与，彼此之间需要具备一定的默契和协作能力，以确保踩曲过程的顺利进行。领取实验材料与工具，填写小组任务分配表（见表1.4.1）。

表1.4.1　小组任务分配表

第　组	姓名	分工
组长		
组员		
组员		
组员		
组员		
组员		

在踩曲的过程中，各工人之间需要保持密切的沟通和协作，及时交流踩踏的进度和遇到的问题，以便及时调整和改进工作方法。同时，还需要注意安全事项，避免在传递和踩踏过程中发生意外。在踩踏过程中，要注意力度的控制和速度的稳定，避免对曲坯造成不必要的损伤。

四、考核评价

（一）企业教师评价

企业教师评价表见表 1.4.2。

表 1.4.2　企业教师评价表

序号	评价内容	满分	实得分
1	课前准备充分，实验后桌面整洁，实验器材摆放整齐	10	
2	操作过程准确、熟练	20	
3	实验记录清楚准确	20	
4	通过实验，掌握该节基本理论知识与方法	25	
5	理论联系实践，能将课堂知识应用到实际情境中	25	
总评：			

（二）评价反馈

考核评价表见表 1.4.3。

表 1.4.3　考核评价表

序号	评价项目	评价内容	分值	学生组内互评占 20%	学校教师评价占 40%	企业教师评价占 40%	合计
1	职业素养 30 分	分工合理，制订计划能力强，严谨认真	5				
		爱岗敬业、安全意识、责任意识、服从意识	5				
		团队合作、交流沟通能力	5				
		遵守行业规范、现场 6S 标准	5				
		主动性强，保质保量完成工作页相关任务	5				
		能采取多样化手段收集信息，解决问题	5				
2	职业技能 60 分	准备工作充分	10				
		踩曲操作规范	20				
		验证曲坯是否符合标准	20				
		操作过程严肃认真、精益求精	10				
3	知识素养 10 分	理解合格曲坯对大曲发酵的重要性	5				
		掌握踩曲的要求	5				
	合计		100				
评价人签名：							
时间：							

「午」——端午制曲

（三）课后习题

1. 大曲可以用机械压制而成吗？如果你是一家制曲厂的负责人，你更愿意使用人工踩曲还是机械制曲呢？为什么？

2. 什么样的曲坯才是符合标准的？怎样确保曲坯达到要求？

五、拓展延伸

程贵英：匠心制曲，传承曲魂

在郎酒厂的深处，有一位名叫程贵英的工人，她的双手仿佛被岁月和酒香赋予了神奇的力量。年复一年，日复一日，她在制曲的岗位上默默耕耘，用匠心精神诠释着对酿酒艺术的热爱与执着，收获了无数荣誉与成就。

程贵英的制曲技艺源自家传，她的祖辈都是当地有名的酿酒师。从小耳濡目染，她对酿酒产生了浓厚的兴趣。长大后，她毅然决然地选择了继承家业，成为一名制曲工人。她知道，这不仅仅是一份工作，更是一份责任和传承。

在制曲的过程中，程贵英始终坚持精益求精、追求卓越。她深知，制曲是酿酒的关键步骤，稍有不慎就会影响整个酿酒过程的质量。因此，她对待每一个细节都极其认真，从不马虎。她独创的"贵英包边法"更是成为郎酒厂制曲技艺的瑰宝。这种方法不仅提高了曲块的质量，还使得酒曲更加均匀、细腻。正是这份专注与努力，使得她所制出的酒曲品质卓越，为郎酒厂赢得了极高的声誉。

程贵英的能力与精神得到了广泛的认可与赞誉。她凭借着卓越的技艺和杰出的贡献，荣获了多项荣誉。其中最为显赫的便是"郎酒工匠"这一称号，这是对她技艺和匠心精神的最高肯定。此外，她还多次在制曲技能竞赛中斩获大奖，为郎酒厂赢得了荣誉。这些荣誉的背后，是她无数个日夜的辛勤付出和不懈努力。

除了技艺精湛外，程贵英还非常注重传承和培养新人。她经常与年轻的制曲工人交流心得，传授经验。她鼓励年轻人要敢于创新、勇于尝试，不断推动制曲技艺的发展。在她的影响下，郎酒厂的制曲团队日益壮大，技艺水平也得到了显著提高。

程贵英的匠心如同她手中的酒曲，经过岁月的沉淀和发酵，散发出独特的香气。她的故事不仅是一段关于酿酒的传奇，更是一部关于匠心、传承与责任的诗篇。她所获得的荣誉和成就，是对她辛勤付出的最好回报，也是对她匠心精神的最好赞誉。

26

任务五　入房发酵

知识目标： 了解发酵过程的微生物培养机理；掌握大曲发酵工艺流程。

能力目标： 能操作入室堆积、翻曲、拆曲和储存等工艺；分析微生物在大曲发酵过程中对大曲香味、品质等的重要作用。

素养目标： 培养自觉履行职责、认真负责的职业精神。

一、任务导入

小陈掌握了踩曲的操作，能够判断成品曲坯的质量要求，接下来他要系统地学习大曲发酵的工艺流程，了解高温大曲生产过程中微生物的消长规律；掌握在发酵堆积期间如何监测温湿度变化，并据此确定两次翻曲时间点，探究大曲在酱香型白酒生产中发挥的重要作用。

小陈需要掌握大曲发酵工艺流程、发酵过程中的微生物培养机理，学会分析微生物在大曲发酵过程中对大曲香味、品质等的影响。在企业导师的指导下熟悉入室堆积、翻曲、拆曲和储存等基本操作。

二、任务分析

（一）发酵房

在大曲生产过程中，微生物培养的关键在于控制水分、pH 值、温度以及通风量等环境因素。因此，建造一个温湿度适中、各因素控制得当的发酵房显得格外重要。

一般每间发酵房（曲房）的面积为 8.5 m × 3.5 m，地面至梁底标高为 3.5 m。地面为红土筑成的地面，门一扇，曲室前后各有两扇窗户（用于排湿），顶部设排气通道，底部设两个进气口。大曲发酵房如图 1.5.1 所示。

曲坯晾好后搬到曲房内按照一定的规定进行堆放，曲坯进房前，首先将曲房打扫干净，从未生产的新曲房要进行消毒处理，上一周期已经投入生产的曲房，在闲置后若需重新使用，则要进行培菌处理。

图 1.5.1　大曲发酵房

『午』——端午制曲

（二）安曲操作

1. 曲的堆放

堆放前，先将稻草铺在曲房地面上，厚 20~30 cm，称为底层草；靠墙一侧应先竖直摆放新稻草，母草临近新草均匀铺放，此称为靠墙草。堆放时，曲坯侧立呈现横三块、竖三块依次交替排列，曲块堆积时整体摆放要求"横平竖直"。曲坯离墙 3~4 cm，坯块间距为 1.5~2 cm。曲坯间、曲坯与墙间用稻草间隔可防止坯块粘连，并有利于调节温湿度。曲块和曲块之间用于分隔的草称为卡草，卡草的目的是避免曲块和曲块之间互相粘连并便于曲块通气、散热和制曲后期的干燥。最好新草、母草搭配。新草的作用是保温、利于翻曲、吸潮，母草的作用主要是保温、吸潮、接种。曲块堆放示意图如图 1.5.2 所示。

图 1.5.2　曲块堆放示意

2. 盖草洒水

曲堆上面及四周用稻草覆盖，并喷洒适量水，保持曲房内的温度、湿度。

3. 翻曲

翻曲是保证曲坯发酵的重要环节。整个发酵期间翻曲次数一般为两次，具体次数根据发酵工艺和曲块情况而定。翻曲的操作不仅要将上下、内外层对调，还要将每块曲的上下面进行调换，使曲块均匀受热和发酵，同时要注意更换曲块间的湿草，保持适宜的湿度。

（1）第一次翻曲：在培养 7 天左右，曲坯品温达 61~64℃（夏季 5~7 天、冬季 8~10 天）；此时曲块色泽变深，在少数曲块黄白交界的接触部位，可闻到轻微的曲香、"黄粑"味；这段时间为酱味的形成阶段，细菌占优势，霉菌生长受抑制，酵母被淘汰。

（2）第二次翻曲：再经 7~9 天的发酵后，进行第二次翻曲，此时品温在 50~60℃，断面呈均匀一致的黄褐色。大部分曲块可闻到曲香，表层有豉香，内部酱味浓郁，有明显的烤红薯香气。在第 2 次翻曲后，曲块逐渐进入干燥期，**曲香、酱香等香气逐渐凸显**。因此可以说，**自第 1 次翻曲前夕至曲块干燥结束都是大曲的生香期**。

4. 拆曲出室

约在第 2 次翻曲后 15 天，可稍开门窗，以利曲块干燥。当曲块品温接近于室温时，曲块含水量可降至 15 % 左右，则应置通风处，促使曲坯干燥。自曲坯入室算起，夏天经 40~45 天、冬季约 50 天，即可拆曲出室。

（三）曲块的质量要求

1. 感官检验

以感官鉴定来说，即皮张厚薄程度、断面菌丝、颜色、香味等作为曲质的重点根据。

看：外观即大曲外表，以黑褐色、黄褐色、灰白色三色均匀分布为佳，上霉均匀，无裂口；断面即大曲折断面，**色泽一致、菌系明显**。

闻：曲的风格，呈酱香、豉香、曲香、花果香等复合香气；曲香浓郁，酱香、豉香等复合香气明显。

触：以手触摸成品曲，需感受曲表面为干燥状态。

2. 理化检验

以酿酒专家沈才洪等经多年研究为例，提出将大曲质量理化检验标准体系为：理化指标占 25%（水分 ≤ 13%，酸度 ≤ 2.5%，糖化力为 50~400 mg 葡萄糖 /（g·h））；感官指标占 10%（香味 4%、外观 2%、断面 2%、皮张 2%）。

（四）成品曲的储存

（1）储存环境：应保持通风、干燥、防潮、防渗漏，并严格控制成曲水分（在 12% 以下），防止返潮。加强通风排潮，特别是冬、春多雨季节，空气湿度相对较大时更需注意。

（2）温度与湿度：适宜的储存温度为 15~25℃，相对湿度应控制在 50%~60%。避免高温和潮湿的环境，以免导致高温大曲发霉或失去活力。

（3）储存时间：刚拆出发酵室的高温大曲要经过 3~6 个月的储存才能成为成品曲，才可投入生产环节使用，又称其为陈曲。

三、任务实施

小陈进入发酵厂房，佩戴口罩、帽子、穿防尘工作服，并进行全身消毒，保持自身清洁。3~5 人分为一组，领取实验材料与工具，填写小组任务分配表（见表 1.5.1），并跟随王师傅进行入房安曲的实践操作。

表 1.5.1　小组任务分配表

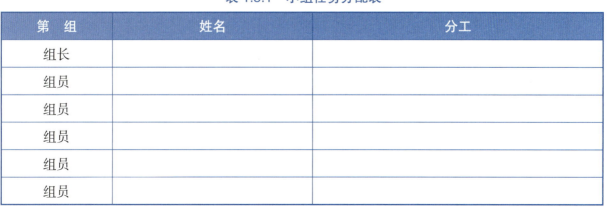

第　　组	姓名	分工
组长		
组员		
组员		
组员		
组员		
组员		

「午」——端午制曲

提前检查大曲发酵环节所需机械器材，如微机控温培养大曲装置、运坯推车、液压成坯机等的状态是否正常，门窗设施是否处于正常开关状态，提前进行卫生打扫等。

在企业导师的指导下开展高温大曲发酵的工艺流程：入室堆积、翻曲、拆曲。

四、考核评价

（一）企业教师评价

企业教师评价表见表 1.5.2。

表 1.5.2　企业教师评价表

序号	评价内容	满分	实得分
1	课前准备充分，实验后桌面整洁，实验器材摆放整齐	10	
2	操作过程准确、熟练	20	
3	实验记录清楚准确	20	
4	通过实验，掌握该节基本理论知识与方法	25	
5	理论联系实践，能将课堂知识应用到实际情境中	25	
总评：			

（二）评价反馈

考核评价表见表 1.5.3。

表 1.5.3　考核评价表

序号	评价项目	评价内容	分值	学生组内互评占 20%	学校教师评价占 40%	企业教师评价占 40%	合计
1	职业素养30分	分工合理，制订计划能力强，严谨认真	5				
		爱岗敬业、安全意识、责任意识、服从意识	5				
		团队合作、交流沟通能力	5				
		遵守行业规范、现场 6S 标准	5				
		主动性强，保质保量完成工作页相关任务	5				
		能采取多样化手段收集信息，解决问题	5				
2	职业技能60分	准备工作充分	10				
		堆曲操作规范	20				
		翻曲操作规范	20				
		操作过程严肃认真、精益求精	10				

序号	评价项目	评价内容	分值	学生组内互评占20%	学校教师评价占40%	企业教师评价占40%	合计
3	知识素养10分	掌握大曲发酵流程	5				
		理解微生物对大曲发酵的重要作用	5				
合计			100				

评价人签名：

时间：

（三）课后习题

什么样的曲坯才是符合标准的？怎样确保曲坯达到要求？

五、拓展延伸

不同温度下的酒曲

　　不同的大曲，培养时期的最高温度有所不同。酒曲大致可分三种类型：低温曲、中温曲、高温曲。

　　低温曲以清香型白酒所用的大曲为代表，最高温度为50℃以下。其培养过程的特点是：制曲着重于曲的排列，曲房的窗户昼夜两封两启，温度则两起两落。控制热曲和晾曲温度较为严格，热晾升降幅度较大，小热大晾，适合于多数中温性微生物生长，以白色曲较多。低温曲的糖化力、液化力和发酵力最高，微生物菌系也较丰富。酒酿造中清香型汾酒的发酵时间是最短之一，这同它的用曲有直接关系。低温曲发酵好、出酒率高，酒中的乙酸、乳酸及其乙酯也高，伴随低沸点香味物质增多的同时，醇类物质也较高。由此，该类酒具有清雅纯净的个性特色。

　　中温曲以浓香型白酒所用的大曲为代表。制曲时期最高温度达60℃（著者注：目前实际制曲生产中，一些地区浓香型大曲的制曲温度向高温转变，他们认为使用该曲可改善酒质的陈香味、增加酒的醇厚感和丰满感），制曲期间，以曲的堆积为主，覆盖严密，以保潮为主。培养期间温度的掌握主要靠翻曲来实现，只有当最高温度超过工艺要求的极限时，才进行翻曲，放潮降温。工艺特点为多热少晾。糖化力、液化力和发酵力不及低温曲。比较出名的如五粮液的"包包曲"。由于培养条件特别是影响微生物生长繁殖的水分、温度发生变化，中温曲的微生物区系及酶活性发生变化，使用该曲酿酒，产出的香味物质明显比低温曲多，同时因窖泥微生物的影响特别是己酸菌的作用，酸及乙酸乙酯生成较多，故产出的酒窖香浓郁、酒体丰满。

模块一

『午』——端午制曲

　　高温曲以酱香型白酒所用大曲为代表。如赤水河一带酱酒所用大曲，制曲时着重于曲的堆积，覆盖严密，以保温保潮为主，每当曲温升至60~65℃时才开始翻曲。高温曲的糖化力、液化力和发酵力均最低。故曲的用量最大，茅台酒用曲的曲粮比高达1:0.9。同中、低温曲一样，在发酵过程中除会生成乙酸、乳酸及其乙酯外，同时产生大量的高级醇、醛类、酚类等香味物质，使产品具有酱香突出、幽雅细腻、回味悠长的独特风格。这类酒的香味物质应该说是大曲香味物质的带入和酿酒发酵产生的香味成分的复合体。虽然至今尚未找出该香型的主体香。

模块二

"2"——两次投粮

端午制曲,重阳下沙。受地理、气候等因素影响,位于酱香型白酒核心产区的河谷地带的高粮会在重阳之前先熟,而山坡上的高粮则稍晚成熟。这种高粱成熟时间上的差异,造就了酱香型白酒两次投粮生产工艺。

两次投粮不仅是酱香型白酒酿造工艺的重要组成部分,更是中国传统酿酒文化的传承和体现。这一工艺步骤的设立,凝聚了无数酿酒师们的智慧和经验。通过代代相传的技艺和不断创新的精神,酱香型白酒得以保持其独特的风格和品质。

该模块总共两个任务,分别讲解选粮、润粮和下沙、糙沙的工艺原理、具体操作步骤以及下沙、糙沙工艺的区别与联系。

任务一 选粮、润粮

知识目标:熟知优质高粱的质量要求;掌握选粮、润粮的要求。

能力目标:能对高粱进行物理检测。

素养目标:培养学生吃苦耐劳的精神。

一、任务导入

小陈踩曲的基本操作已经全部熟练掌握,接下来他要进入酿造车间进行酿酒工艺技术的系统学习啦!什么是下沙?什么是糙沙?工艺上有哪些注意事项?带着这些问题和小陈一起去酿造车间探索吧!

二、任务分析

（一）选粮

1. 高粱

高粱是酱香型白酒的主要原料。与其他谷物相比，高粱中含有一种名为单宁的化合物。虽然单宁本身具有苦涩的味道，带收敛性，但在酿酒过程中必不可少，单宁与空气接触产生氧化反应，生成一些物质，这些物质与酒中的醇类、酯类和酚类等物质再发生反应，使酒的口感更加丰富饱满。同时，高粱是一种富含淀粉的作物，淀粉是出酒率的重要保障。一般情况下，淀粉含量越多，微生物可以利用的养分越高，出酒率越有保证。白酒生成过程就是将原料中的淀粉蒸煮水解成糊精，糊精在多种酶的作用下分解成可发酵性糖，可发酵性糖在酵母菌的作用下生成酒精的过程。

高粱是我国重要谷类作物，又称蜀黍、芦祭等。高粱按色泽可分为白、青、黄、红、黑几种，颜色的深浅反映其单宁及色素成分含量的高低。白高粱用于食用，性温味甘涩；红高粱又称为酒用高粱，通常用于酿酒。高粱按黏度分为粳、糯两类，北方多产粳高粱，南方多产糯高粱。粳高粱含有一定量的直链淀粉，结构较紧密，蛋白质含量高于糯高粱。糯高粱富含支链淀粉，结构较疏松，能适于根霉生长，以小曲制高粱酒时，淀粉出酒率较高。

"好酒不离红粮"。酱香型白酒生产采用的酿造原料是糯高粱（见图2.1.1、图2.1.2），其淀粉含量在60%~70%，有粒小皮厚、耐蒸煮的特点，能经受九次的蒸煮与八次的发酵。糯高粱的支链淀粉含量占比超过88%，支链淀粉的立体网状结构使其更易吸水，也就更易糊化，有利于酿酒微生物的生长繁殖和代谢，同时也会产生更多的芳香物质，酿出的酱酒香气和风味也更丰富。糯高粱单宁含量在1.5%~2.0%，而普通高粱单宁含量在0.5%左右，在酿造过程中会产生更多的丁香酸和丁香醛及其他香味物质，使酒香更浓郁，也能有效防止酒体产生异杂味。

图2.1.1 糯高粱穗

图2.1.2 糯高粱籽

高粱感官上必须达到以下要求：颗粒饱满、无虫蛀、新鲜、无霉变、干燥适宜、具有本品特有的清香味、无异杂味、无泥沙及其他杂物。并且，其水分、淀粉、蛋白质、脂肪等指标具有一定的要求。

2. 辅料

在酿造白酒过程中会使用一定量的辅料作为填充剂。常用辅料有麸皮、稻壳（见图2.1.3）等。辅料需清蒸后再投入使用，用于调节入窖糟醅的淀粉浓度和酸度，保持一定水分，对酒醅有疏松作用。辅料的质量优劣直接影响白酒产品的质量和出酒率，对辅料的使用要求有新鲜干燥、疏松性、吸水性好、含杂质少、无霉变等。在酿酒时，应合理使用辅料，若辅料使用量过多会导致白酒口感显杂，酒质下降。

图 2.1.3　稻壳

（二）"坤沙酒"中高粱的破碎、浸润

1. 碎粮

在破碎机出现之前，酱酒主要采用的是石磨碾制，随着科技的进步，现多采用对辊式破碎机，将高粱碾碎成2~4瓣，类似梅花瓣的形状，故称"梅瓣碎粮"。在"坤沙酒"中，第一次投粮时要求破碎的高粱占比为10%~20%，第二次投粮时要求破碎的高粱占比为15%~30%。破碎后的高粱可以释放出一定量的淀粉，经糊化后可以为微生物提供充足的淀粉、蛋白质等物质，保证前期的发酵能正常进行。通常碎粮的颗粒大小也要适中，既不能太粗也不能太细。粉碎过细，会造成生产前期轮次淀粉释放过多，产酒过多，中后期轮次淀粉不足，产酒过少，不利于白酒整体质量的提高；粉碎过粗，生产前期轮次淀粉释放过少，酿酒微生物可利用的养分不足，产酒过少，也不利于糟醅老熟，影响产出和质量。

2. 润粮

在白酒生产工艺中，润粮亦称润料，是指酿酒原料在蒸煮前进行润水，使原料均匀吸收一定量水分的操作。传统大曲酱香酒生产工艺要求在高粱破碎之后、蒸粮之前必须经过润粮。润粮的主要目的是使其淀粉颗粒吸取适量的水分，高粱颗粒膨胀，为后续的蒸煮糊化打下基础。良好的润粮不仅能提供高粱原料发酵所要求的水分，又能去除高粱中部分单宁等物质，可以减少单宁在前三轮酒中产生的生涩味，起到提升酒质的作用。同时，在润粮过程中应尽量保证高粱吸水的均匀性，以保证蒸煮时糊化效果的一致性。润粮润得好，全年生产才能有保障。因此，润粮对工艺的掌握和细节的把控要求非常严格，不仅要精准把握投水量和温度等标准，也要做好人员配合、翻粮方法等细节，让每一粒高粱都吸水均匀，使得高粱膨胀度和饱满度好、粮堆香味和湿度温度正常，才算润到实处。

三、任务实施

将学生分为 4~6 人一组，领取实验材料与工具，填写小组任务分配表（见表 2.1.1）。

表 2.1.1　小组任务分配表

第　组	姓名	分工
组长		
组员		
组员		
组员		
组员		
组员		

（一）高粱物理检测

参考标准《酱香型白酒酿酒用高粱》（DB 52/T 867—2014），酱香型白酒所用的高粱在感官上必须达到以下要求：粒色呈红色、深褐色或褐紫色，粒小皮厚，剖开后呈玻璃状，胚乳中支链淀粉含量较高，蒸煮后黏性强。高粱为酿造优质酱香型白酒的主要原料（见表 2.1.2）。

表 2.1.2　高粱质量指标

等级	容重 /（g·L^{-1}）	不完善颗粒 /%	单宁 /%	水分 /%	杂质 /%	带壳粒 /%	色泽气味
1	≥ 740						
2	≥ 720	≤ 3.0	≤ 0.5	≤ 14.0	≤ 1.0	≤ 5	正常
3	≥ 700						

抽样（所有凡袋装原料）：从总袋数的 2%~5% 袋中取样。凡堆装原料，从堆的四角及中心部位上、中、下取样。（具体操作方法见步骤见模块一中的任务一）

双实验结果允许差不超过 3 g/L，求其平均数，即为测定结果。

依次对表 2.1.3 中指标进行检测。

表 2.1.3　原料检验记录

序号	质量指标	检验结果	合格	不合格	备注
1	不完善颗粒				
2	杂质				
3	容重				
4	无异杂味				
核验结论：	合格□	不合格□		日期：	

（二）碎粮、润粮操作

（1）学生对周围环境进行清洁，对自身进行全身卫生消毒，保持自身清洁;测量室温、湿度。

（2）物料及物品准备。

四、考核评价

（一）企业教师评价

企业教师评价表见表 2.1.4。

表 2.1.4　企业教师评价表

序号	评价内容	满分	实得分
1	课前准备充分，实验后桌面整洁，实验器材摆放整齐	10	
2	操作过程准确、熟练	20	
3	实验记录清楚准确	20	
4	通过实验，掌握该节基本理论知识与方法	25	
5	理论联系实践，能将课堂知识应用到实际情境中	25	
总评:			

（二）评价反馈

考核评价表见表 2.1.5。

表 2.1.5　考核评价表

序号	评价项目	评价内容	分值	学生组内互评占20%	学校教师评价占40%	企业教师评价占40%	合计
1	职业素养30分	分工合理，制订计划能力强，严谨认真	5				
		爱岗敬业、安全意识、责任意识、服从意识	5				
		团队合作、交流沟通能力	5				
		遵守行业规范、现场6S标准	5				
		主动性强，保质保量完成工作页相关任务	5				
		能采取多样化手段收集信息，解决问题	5				
2	职业技能60分	准备工作充分	10				
		选粮操作规范	20				
		选出的粮符合标准	20				
		操作过程严肃认真、精益求精	10				

模块二

「2」——两次投粮

续表

序号	评价项目	评价内容	分值	学生组内互评占20%	学校教师评价占40%	企业教师评价占40%	合计
3	知识素养10分	碎粮、润粮的要求	5				
		碎粮、润粮的操作方法	5				
合计			100				

评价人签名:

时间:

（三）课后习题

正值重阳下沙时节，赤水河水清清，一行远道而来的朋友来到你所在的企业进行参观，请你作为酒企的导游，为他们讲解重阳下沙的工艺。

五、拓展延伸

酒中明珠——红缨子糯高粱

古语有云:"好酒不离红粮。"红缨子糯高粱又称红粮，是赤水河流域特产的一种有机糯高粮。赤水河流域气候温和、雨水充沛、土壤肥沃，为红缨子糯高粱（见图2.1.4）的生长提供了最佳的环境，使其成为酿造酱香型白酒的首选原料。

红缨子糯高粱由于其颜色与赤水河河沙颜色极为相似，因此在酱酒酿造工艺中又被称为"沙"。这种高粱的特点是粒小、皮厚、扁圆、结实，这些特性使它在酿酒过程中能够承受多次蒸煮、发酵和取酒的过程，而不会糊化或破碎。这种高粱的支链淀粉含量高达90%以上，远远超过普通高粱，使得酿造出的酱香酒口感醇厚，回味悠长。

除了其独特的物理特性外，红缨子糯高粱还富含单宁、花青素等色素成分。这些成分在蒸煮发酵过程中产生的香兰酸等酚元化合物为酱香酒赋予了独特的芳香。

在酿造过程中，红缨子糯高粱与其他原料一起，经过多次蒸煮、发酵、取酒等工序，最终酿造出具有独特风味的酱香酒。这种酱香酒不仅口感醇厚，回味悠长，更具有独特的文化内涵和历史价值。

图2.1.4 红缨子糯高粱

任务二　下沙、糙沙

知识目标：掌握四种工艺类型；掌握下沙、糙沙的要求；理解下沙和糙沙的区别与联系。
能力目标：能独立完成下沙、糙沙的具体操作步骤。
素养目标：培养学生精益求精的工作态度。

一、任务导入

小陈在学习完选粮、碎粮和润粮的操作后，又要跟随酿造师傅进入下一个工艺的学习——下沙和糙沙。糙沙与下沙之间有什么联系？又有哪些区别呢？让我们跟随小陈一起去看看吧！

二、任务分析

（一）下沙

酱香型白酒生产的第一次投粮称为"下沙"。下沙是指投放制酒的原料——高粱。"沙"是酱香酒制作原料高粱的一种说法，因其颗粒小，饱满，呈酱红色，看起来像沙子一样，称其为"沙"。

"下沙"是在重阳节前后。新熟的高粱是酿酒的最佳原料，因为它们富含淀粉，能够提供充足的糖分供酵母菌发酵成酒精。此时气温逐渐由热转凉，这种较低的温度有利于控制高粱和大曲的发酵过程——适当控制生产前期轮次高粱产酒，保证酒质更好的中后轮次产酒。此外，在重阳节前后，赤水河的河水会由浊变清，使用清澈的水来蒸煮高粱，能够确保酒的质量和口感。生沙如图 2.2.1 所示。

下沙投料量占总投料量的 50%，下沙原料中的整粒高粱与破碎高粱比例约为 8∶2，原料使用粉碎机进行粉碎。粉碎的目的是使颗粒淀粉暴露出来，增加原料表面积，有利于淀粉颗粒的吸水膨胀和蒸煮糊化，糖化时增加与酶的接触，为糖化发酵创造良好的条件。高粱破碎之后要经过润粮、拌料、上甑、蒸粮、摊晾降温、加曲拌和、堆积糖化、密封发酵整个生产流程，完成下沙操作。发酵一个月后出窖，蒸馏得到的酒称为糙沙酒，此酒味冲（低沸点物质较多），生

图 2.2.1　生沙

「2」——两次投粮

涩味和酸味重，重新回酒发酵使用。

（二）糙沙

俗话说："欲酿好酒，先糙好沙。"发酵一个月后进行的第二次投料过程为糙沙。下沙是酱酒酿造的基础，糙沙更是酿造优质酱酒的关键，严格精细的糙沙工艺为优质酱香型白酒的诞生奠定了坚实的基础。

"糙沙"：投料量占总投料量的50%，其中不低于70%为整粒，不高于30%被粉碎。润粮操作与下沙工艺相似，高粱经润粮后加入下沙发酵出窖后的酒醅中，再次经蒸煮、蒸粮、摊晾降温、加曲拌和、堆积糖化，最后入窖封窖发酵。发酵一个月后出窖，蒸馏得到的酒称为第一轮次酒。熟沙见图2.2.2。下沙、糙沙相关参数如表2.2.1所示。

图 2.2.2　熟沙

表 2.2.1　下沙、糙沙相关参数

项目	入窖化验		入窖温度 /℃		
	酸度	水分 /%	顶部	侧面	底面
下沙	0.5~1.0	36~40	50~53	40~48	28~38
糙沙	0.5~1.0	38~42			
注：酸度单位为 0.1 mol/L NaOH，mL/g					

糙沙工艺之后，酱酒酿造全过程就不再进行新原料的投放了，只需将糟醅反复利用，直到七次取酒完成。糙沙工艺坚守正脉传承，每一个酿造步骤都严格遵循工艺要求，每一个酿造环节都是对高质量酱香型白酒的有力保障。

三、任务实施

实训内容：按照下表项目分小组进入车间进行下沙、糙沙操作。

1.学生对周围环境进行清洁，对自身进行全身卫生消毒，保持自身清洁；测量室温、湿度。

2.将学生分为4~6人一组，领取实验材料与工具，填写小组任务分配表（见表2.2.2）。

表 2.2.2　小组任务分配表

第　组	姓名	分工
组长		
组员		
组员		
组员		

第　组	姓名	分工
组员		
组员		

四、考核评价

（一）企业教师评价

企业教师评价表见表 2.2.3。

表 2.2.3　企业教师评价表

序号	评价内容	满分	实得分
1	课前准备充分，实验后桌面整洁，实验器材摆放整齐	10	
2	操作过程准确、熟练	20	
3	实验记录清楚准确	20	
4	通过实验，掌握该节基本理论知识与方法	25	
5	理论联系实践，能将课堂知识应用到实际情境中	25	
总评：			

（二）评价反馈

考核评价表见表 2.2.4。

表 2.2.4　考核评价表

序号	评价项目	评价内容	分值	学生组内互评占 20%	学校教师评价占 40%	企业教师评价占 40%	合计
1	职业素养 30 分	分工合理，制订计划能力强，严谨认真	5				
		爱岗敬业、安全意识、责任意识、服从意识	5				
		团队合作、交流沟通能力	5				
		遵守行业规范、现场 6S 标准	5				
		主动性强，保质保量完成工作页相关任务	5				
		能采取多样化手段收集信息，解决问题	5				
2	职业技能 60 分	准备工作充分	10				
		下沙、糙沙规范操作	20				
		下沙、糙沙是否符合标准	20				
		操作过程严肃认真、精益求精	10				

41

模块二

『2』——两次投粮

续表

序号	评价项目	评价内容	分值	学生组内互评占20%	学校教师评价占40%	企业教师评价占40%	合计
3	知识素养10分	简述感官鉴别合格的要求	5				
		简述下沙与糙沙的异同	5				
	合计		100				

评价人签名:

时间:

（三）课后练习

请简述下沙、糙沙工艺特点。

五、拓展延伸

酱香型白酒工艺类型

酱香型白酒根据工艺的不同可分为坤沙、碎沙、翻沙、串沙四种。

1. "坤沙"工艺

"坤沙酒"即传统正宗的酱香型白酒。其中"坤"是"完整"的意思，"坤沙"指完整的高粱。坤沙酒在生产时，原料仍然会保持大约20%的破碎率。

坤沙工艺是酿造酱香型白酒工艺中最好的一种，生产周期长达一年，出酒率低，品质最好；其灵魂是"回沙"工艺，即将原料经九次蒸煮、八次发酵、七次取酒（这就是常说的九八七生产工艺）；并经过三年以上窖藏才能够成为基酒，再进行勾调、出厂。

2. "碎沙"工艺

碎沙是指将原料完全破碎进行酿造，是酱香型的速成工艺。碎沙酒的生产工艺较为快捷，周期相对较短，出酒率高，一般取酒两三次就把粮食中的酒取完。酒体质量相比正统酱香来说，口感上要单薄不少，酒体层次感单一。

3. "翻沙"工艺

翻沙酒是用坤沙酒第9次蒸煮后丢弃的酒糟，再加入一些新高粱和曲药，经过堆积、发酵、蒸馏后取得的酒。"翻沙酒"生产周期短，出酒率高，品质差。这种酒仅仅比酒精多一点酱味，自身不具备太多经济价值，同时工艺控制不好会出现苦、糊等杂味。

4. "串沙"工艺

串沙也叫串香，是用坤沙酒第9次蒸煮后丢弃的酒糟，加入食用酒精蒸馏后取得的酒，产品质量差，成本低廉。自从酱香型白酒国家标准出台后，使用此法酿造的酒已不符合酱香酒标准。

模块三

"9" ——九次蒸煮

酱酒酿造中的"九次蒸煮"是指在酱香型白酒的酿造过程中,原料需要经过九次高温蒸煮处理,具体包括第一次投料蒸煮、第二次投料蒸煮、七轮次蒸馏取酒后蒸煮。

通过九次蒸煮与微生物的作用,原料中的淀粉逐渐转化为可发酵性糖,同时蛋白质和脂肪也被分解成氨基酸和脂肪酸等小分子物质,这些物质为后续的发酵过程提供了丰富的营养物质和风味前提。同时,高温蒸煮还可以消除高挥发性硫酸盐和其他低熔点的刺激性物质,产生易挥发的香味物质。

九次蒸煮发酵使不同轮次的酒体呈现不同的风味,最后经勾调得到的酱香型白酒层次丰富,既有浓郁的酱香气息,又带有细腻的花果香和淡淡的烘焙香,口感醇厚丰满、回味悠长。

在学习九次蒸煮过程中,要掌握每次蒸煮的目的及效果,具备识别蒸煮过程中可能出现的问题以及提升学生处理问题的能力,如导致原料糊化不良、蒸煮不均匀等。通过亲身体验,注重酿造过程中的细节,不断提升自己的专业技能和知识水平,尊重传统工艺,以更好地传承和发展酱酒酿造工艺。

任务一　原料上甑

一、任务导入

　　小陈在完成碎粮、润粮操作后，继续在王师傅的带领下学习上甑技巧，通过与车间师傅协作配合，他掌握了上甑"轻、松、薄、准、匀、平"的技巧。

二、任务分析

（一）上甑技巧

44

　　上甑蒸馏是酱酒生产的重要环节，传统酿酒都必须经过此工序，蒸馏技术的好坏决定着酒的质量与产量。而上甑便是蒸馏的关键环节，酒醅"上"得是否均匀蓬松，直接影响着后续蒸酒的出酒率和优质酒的含量。

　　上甑是一门技术活，要求"轻、松、薄、准、匀、平"。酱酒通过"轻装匀撒、探气上甑"提高优质品率，打造出品质稳定、风格鲜明、质量安全的酱酒，从而更好地形成酱酒独特的香味与风格。

　　（1）轻：动作要轻巧，原料不能全撒在一个地方。酱酒传统操作中，每一个技术要点是互相关联的，有很多含义，"轻"的原则也带有"匀""薄"这些含义。

　　（2）松：指辅料和醅料要松散，疏松度好，有足够的透气性，要做到既透气又不能连续大透，靠积累经验来观察判断。

　　（3）薄：每次撒料要薄，不能太厚，但也不能太薄。稀稀拉拉盖不住蒸汽，太厚蒸汽无法溢出，要保证不压气也不跑气。

　　（4）准：撒料点要准确，冒热气的地方要准确铺撒酒醅，不能撒漏、撒偏，也不能撒多。对于直径两米的甑桶（见图3.1.1），人工撒料要做到准确，对掌控力度和技术操作要领要求都比较高。

　　（5）匀：每层铺料（见图3.1.2）要均匀，尽管有先有后，但每一层料撒下来要分布均匀，不能厚此薄彼。

（6）平：每次铺撒酒醅要平整，从下到上每层都要尽量平整。最后盖甑的时候，甑桶里的酒醅面会铺撒成微微凹陷状（见图3.1.3），这是"甑边效应"导致的。

图 3.1.1　空甑桶

图 3.1.2　稻壳打底

图 3.1.3　满甑

（二）上甑注意事项

（1）上甑时要均匀逐层铺撒，疏松透气，避免蒸不透。

（2）掏糟不得过满（笲箕不能装的太满），上甑时将笲箕内的酒醅摇松，按"见气压醅"操作，确保蒸汽均匀穿透粮食。

（3）甑盖要盖好，并安装调试好过气管，确保蒸汽顺畅，避免泄漏。

（三）上甑操作步骤

（1）将润好的粮食原料准备好，确保无杂质和异味。

（2）在甑底铺撒一层稻壳，保持透气。

（3）上甑时，边掏糟边上甑。掏糟不得过满（约为笲箕的三分之二），上甑时将笲箕内的酒醅摇松，按"见汽压醅"和"轻、松、薄、准、匀、平"进行。

注："见汽压醅"是指蒸汽冒出醅面时，及时用酒醅覆盖在蒸汽冒出处。"轻、松、薄、准、匀、平"是指酒醅要松散；压醅要轻；覆盖要薄；见气压醅要准；覆盖面要均匀；甑内酒醅表面要平整。

（4）待锅底水烧开后，逐层添加原料。先在甑桶中的箅子上撒一层稻壳，然后打开蒸汽阀门，并平整均匀地铺垫一定量的酒醅，等待蒸汽上来之后，再往甑桶里铺撒发酵好的酒醅，酒醅需要一层一层地撒上去，要做到见汽就撒，还要确保证原料不能压得太紧，以免长时间不冒汽。一般甑桶的口径有2 m，铺撒酒醅的力度要掌握好，要撒均匀，避免造成不同区域上来的蒸汽大小差异过大，铺撒过慢，使某一块区域蒸汽流速过大，流失原酒与风味物质，且易导致后续工艺发生"打炮"等异常情况。

（5）上满甑后，理平甑内原料，盖上甑盖。

（6）上甑封盖：酒醅上满后（与甑口平），将甑盖盖好，安装调试好过气管。在甑盖与过汽管、过气管与冷却器之间连接部位加上一定量的水密封，检查气压显示值是否符合蒸馏要求，将酒甑周围糟醅扫干净并集中堆放好。

三、任务实施

1. 学生对周围环境进行清洁，穿好工作服，保持自身清洁；测量室温、湿度。

2. 将学生分为 6 人一组，领取实验材料与工具，填写小组任务分配表（见表 3.1.1）。

表 3.1.1　小组任务分配表

第　　组	姓名	分工
组长		
组员		
组员		
组员		
组员		
组员		

（一）上甑前的准备工作

（1）检查工作：检查地锅、酒甑、冷凝器及供水、供汽情况，合理注入地锅水。

（2）准备工作：物料配匀。

（二）操作步骤及要领

（1）一人掏糟，一人上甑。

（2）"见汽压醅"。

（3）"轻、松、薄、准、匀、平"。

四、考核评价

（一）企业教师评价

企业教师评价表见表 3.1.2。

表 3.1.2　企业教师评价表

序号	评价内容	满分	实得分
1	课前准备充分，实验后桌面整洁，实验器材摆放整齐	10	
2	操作过程准确、熟练	20	
3	实验记录清楚准确	20	
4	通过实验，掌握该节基本理论知识与方法	25	
5	理论联系实践，能将课堂知识应用到实际情境中	25	
总评：			

（二）评价反馈

考核评价表见表 3.1.3。

表 3.1.3　考核评价表

序号	评价项目	评价内容	分值	学生组内互评占 20%	学校教师评价占 40%	企业教师评价占 40%	合计
1	职业素养 30 分	分工合理，制订计划能力强，严谨认真	5				
		爱岗敬业、安全意识、责任意识、服从意识	5				
		团队合作、交流沟通能力	5				
		遵守行业规范、现场 6S 标准	5				
		主动性强，保质保量完成工作页相关任务	5				
		能采取多样化手段收集信息，解决问题	5				
2	职业技能 60 分	准备工作充分	10				
		原料上甑规范操作	20				
		上甑时间温度把控是否符合标准	20				
		操作过程严肃认真、精益求精	10				
3	知识素养 10 分	说出上甑的操作技巧	5				
		分析上甑的特殊情况及处理办法	5				
合计			100				

评价人签名：

时间：

（三）课后习题

用文字描述上甑的技巧及上甑的具体步骤。

五、拓展延伸

甑（zèng）

甑是我国古代的蒸食用具，为甗（yǎn）的上半部分，与鬲（lì）通过镂空的箅（bì）相连，用来放置食物，利用鬲中的蒸汽将甑中的食物煮熟。实际上就是我们现代的蒸锅、蒸笼原型。

考古研究发现，早在宋代就出现了蒸馏酒的痕迹，也就是说那时就有了类似今天的蒸馏器。1975 年，河北青龙满族自治县出土了一套铜制蒸酒器皿，高 41.5 cm，由上下两部分组成，下部是一只圆形蒸汽锅，上部是敞口的冷却器，底是半球形的穹窿底。蒸汽锅与冷却器完全套合后，上器的唇紧贴下器外沿的内壁，形成一套能够完成整个蒸馏流程的酒器，蒸馏流程路线表现为上下垂直走向。这套蒸馏器（见图 3.1.4）无论形制、构造还是使用原理，都与后来的甑桶相似，经考证应当存在一定的演变关系。宋代的《洗冤录》和《曲本草》等书中也提到了有关蒸馏酒的记载，所以说原始的甑桶在宋代已经开始应用了，这是较为可靠的说法。

甑部

鬲部

图 3.1.4　古代蒸食用具"甗"

中华人民共和国成立之后，酒的需求增大，甑桶由小变大，材质也发生变化，从木质变成了不锈钢或用水泥铸造。

甑桶的作用一是发酵酒醅，通过蒸汽排走一部分水分，浓缩成酒精含量高的高度白酒；二是将发酵醅中存在的生物代谢副产物（即数量众多的微量香气成分）有效地浓缩提取到成品酒中，让成品酒中的香气更加丰富醇厚；三是在于发酵醅中的某些微生物代谢产物，在蒸馏过程中进一步起化学反应，产生新的物质，即通常的蒸馏热变；四是对醅料进行杀菌、消毒，也便于下排入窖配料。

甑桶是不同于世界上其他蒸馏酒的一种独特的蒸馏设备，它是根据白酒固态发酵的特点而发明的。通过人工装甑逐渐形成甑内的填料层，在蒸汽不断加热下，使甑桶内醅料温度不断升高，下层醅料的可挥发性成分浓度逐层不断变小，上层醅料的可挥发性成分浓度逐层变浓，使酒及香味成分经过气化、冷凝、液化，从而达到浓缩提取的作用。

任务二　原料蒸煮

知识目标：掌握蒸煮的原理及对酒质的影响。
能力目标：辨别蒸煮过程中出现的特殊情况，并能灵活调整蒸煮时间和蒸汽气压。
素养目标：培养高度的责任心和思辨能力。

一、任务导入

小陈在完成原料上甑操作后，继续在王师傅的带领下学习对原料进行蒸煮，并能够独立辨别蒸煮过程中出现的情况，针对特殊情况进行调整蒸煮时间和蒸汽气压。

二、任务分析

（一）蒸煮作用

"蒸粮"和"蒸馏"是不同概念，能够出酒的是蒸馏，而蒸粮（见图3.2.1）是为了将粮食蒸熟，以便后续糊化，酿造出酒精。

图 3.2.1　蒸粮

原料进行蒸煮的作用是使淀粉颗粒进一步吸水、膨胀、破裂、糊化，以利于淀粉酶的作用。同时，在高温下，原辅料也得以灭菌，排除一些挥发性的不良成分。

九次蒸煮可以充分提取高粱中的精华，确保酒体的醇厚和丰满。在酱酒酿造过程中，会产生一些对人体有害的醛类和硫化物，会给酒体带来冲鼻、味辣、刺激等不良影响。高温蒸煮能够有效排除挥发性强的硫化物和其他低熔点的刺激性物质，再加之陈酿贮藏，酒液发生氧化还原、酯化等物理变化与化学变化，能够再次降低这些有害物质的含量，让酒体变得更加纯净，并将不易挥发的高沸点香味物质最大程度保留下来。因此，酱香白酒与其他类型的白酒比较之下，具有易挥发有害物质含量少、不易挥发有益物质含量高的特点，对人体造成的刺激小，饮用起来不上头、不灼烧胃、不辣喉。

酱酒圈流行"生香靠发酵，提香靠蒸馏"的说法。九次蒸煮能有效提升酱酒的香气与口感，这是因为酱酒在蒸煮时可以通过调控蒸汽气压和蒸馏时间来有效提取酒液中的芳香物质以及复杂风味物质，最终形成酱香型白酒"四高一低一多"的特质，即酸高、醇高、醛酮高、氨基酸高、酯低、含氮化合物多。在增加酒香的同时提高酒的口感层次，达到酒香浓郁、口感丰富的效果。

（二）九次蒸煮简介

酱香型白酒的第一次蒸煮（又称为"蒸粮"）是在入窖发酵之前，也就是第一次下沙（投料）时进行一次蒸煮。这一次蒸煮主要是为了把高粱蒸熟，使高粱糊化，因为生高粱是不能发酵的。蒸煮摊晾后才第一次撒上曲粉，堆积发酵 4~5 天之后，再入窖发酵 30 天左右。

第二次蒸粮则是在第一次发酵之后，也就是在第二次投料时进行一次混蒸。即糙沙轮次将二次投料的高粱与第一次蒸煮并发酵好的高粱混合蒸煮，由于经过发酵，这一次蒸煮已经可以出酒，称为"生沙酒"，这一次得到的酒生粮食味重、杂质较多、酒质较差，所以不能将其用作基酒。通常会将这轮次的酒泼到新一轮发酵的酒醅中，可以增强糟醅的香气，提升白酒品质。

第三次则是蒸糙沙发酵后的酒醅，混合后称为"熟糟"。从第三次蒸煮开始，酒厂才会正式取酒，这里是第一轮次的酒。熟糟再经过摊凉、撒曲、堆积、下窖、封窖发酵、开窖取醅、蒸酒六个轮次的循环，一直到第九次蒸煮，刚好七次取酒，每次循环都会进行一次蒸煮，整个过程共九次蒸煮。每一次蒸煮，糟醅的酸度、淀粉含量等都存在较大差异，所以每个轮次的酒味道都不一样。等到八轮次发酵、七轮次取酒完成后，不同轮次的酒将被分开储存，储存一段时间之后将七轮次酒按照一定的比例勾调到一起，这就造就了酱香型白酒层次丰富的特点。

（三）蒸煮过程中的注意事项

（1）蒸煮时间把控。

以酒尾流出水的时间记为上甑结束时间，按工序要求开始计时，蒸粮 100~120 min。蒸粮与蒸酒的过程中要控制好气压或火候，当蒸粮时间达到规定要求时即可下甑。

（2）蒸酒时应轻撒摊匀，见汽上甑，缓汽蒸馏，量质摘酒，分等存放。酱香型白酒的馏酒温度控制较高，常在 38~42℃，这也是它"四高"特点之一。

（3）蒸煮过程中的特殊情况。

跑气：上甑过程中，酒蒸汽明显逸出物料层表面的现象。

穿汽不匀：由于上甑不妥，酒汽不能均匀地穿过酒醅，造成部分酒醅中的酒蒸不出来或夹花流酒。

塌陷：上甑蒸酒时，局部蒸汽突然减少，使甑内酒醅下陷，造成醅中的酒蒸不出来或酒度低，流酒尾时间拖长。

溢甑：底锅水煮沸后冲出篦。

大汽追尾：蒸酒将结束时，加大蒸汽量或加大火力，蒸出酒醅中残余香味物质，同时利于粮食糊化的操作。

三、任务实施

（1）学生对周围环境进行清洁，穿好工作服，保持自身清洁；测量室温、湿度。

（2）将学生分为6人一组，领取实验材料与工具，填写小组任务分配表（见表3.2.1）。

表 3.2.1　小组任务分配表

第　组	姓名	分工
组长		
组员		
组员		
组员		
组员		
组员		

（一）检查工作

（1）检查物料是否撒匀。

（2）检查地锅、酒甑、冷凝器及供水、供汽情况，合理注入地锅水。

（二）操作步骤

（1）第一次蒸煮：下沙（投料）蒸煮。

（2）第二次蒸粮：糙沙（二次投料）蒸煮。

（3）第三次至第九次蒸煮。

酱香型白酒生产10个月为一个周期，两次投料、八次发酵、七次流酒。

从第三轮起后不再投入新料，但由于原料粉碎较粗，醅内淀粉含量较高，随着发酵轮次的增加，淀粉被逐步消耗，直至八次发酵结束，丢糟中淀粉含量仍在10%左右。

酱香型白酒发酵，大曲用量很高，用曲总量与投料总量比例高达1∶1左右，各轮次发酵时的加曲量应视气温变化、淀粉含量以及酒质情况而调整。气温低，适当多用；气温高，适当少用。基本上控制在投料量的10%左右，其中第三、第四、第五轮次可适当多加些，而第六、第七、第八轮次可适当减少用曲。

四、考核评价

（一）企业教师评价

企业教师评价表见表 3.2.2。

表 3.2.2　企业教师评价表

序号	评价内容	满分	实得分
1	课前准备充分，实验后桌面整洁，实验器材摆放整齐	10	
2	操作过程准确、熟练	20	
3	实验记录清楚准确	20	
4	通过实验，掌握该节基本理论知识与方法	25	
5	理论联系实践，能将课堂知识应用到实际情境中	25	
总评：			

（二）评价反馈

考核评价表见表 3.2.3。

表 3.2.3　考核评价表

序号	评价项目	评价内容	分值	学生组内互评占 20%	学校教师评价占 40%	企业教师评价占 40%	合计
1	职业素养30分	分工合理，制订计划能力强，严谨认真	5				
		爱岗敬业、安全意识、责任意识、服从意识	5				
		团队合作、交流沟通能力	5				
		遵守行业规范、现场 6S 标准	5				
		主动性强，保质保量完成工作页相关任务	5				
		能采取多样化手段收集信息，解决问题	5				
2	职业技能60分	准备工作充分	10				
		原料蒸煮规范操作	20				
		蒸煮时间和温度把控是否符合标准	20				
		操作过程严肃认真、精益求精	10				

序号	评价项目	评价内容	分值	学生组内互评占20%	学校教师评价占40%	企业教师评价占40%	合计
3	知识素养10分	说出蒸煮对酿酒的作用	5				
		分析蒸煮的特殊情况及处理办法	5				
	合计		100				
评价人签名：							
时间：							

（三）课后习题

用文字描述出蒸煮的特殊情况及处理办法。

五、拓展延伸

酱酒酿造之"四高"

酱酒酿造的"四高"工艺主要包括高温制曲、高温堆积、高温发酵、高温蒸馏。

高温制曲：这是酱香白酒所特有的制曲方式，制曲的温度高达60℃以上，比其他白酒要高十几度，最高温度可达62℃。制曲时间通常选择在端午，因为夏季的温度高、湿度高、微生物的种类和数量比较多。曲料经过发酵，在高温下，空气中的微生物活跃，最易被收入曲醅中，有利于微生物繁殖培殖、淘汰、筛选与互补，使香气成分的前体物质相当丰富。酱酒采用的曲药是大曲，这种"砖块"一般大小的曲块是以小麦为原料制成的，制曲时间长达40天。在这40天里，制曲工人要忍受高温的煎熬。而制曲完成后，需储存3~6个月才能投入使用。

高温堆积：当下沙料的品温降到32℃左右时，加入大曲粉，拌和后收堆，堆积时间为4~5天，品温可上升到45~50℃，称为酱酒的"高温堆积"。高温堆积为进一步生成酱香物质创造了必要条件。在堆积升温过程中，高温大曲中积累的香味物质进一步转化，生物化学反应也一并发生，可以富集更多微生物以利于酒精生成，促成糖化发酵，以及产生其他香味成分，从而达到生香的效果，让糟醅中的香气成分更加丰富。

高温发酵：酱酒窖池内发酵温度要求达到35~45℃，这在酒类发酵中是罕见的。浓香型白酒、清香型白酒等都强调中低温发酵，发酵温度都不超过35℃，酱酒却相反。酱香白酒酿制过程中，糟醅入窖，封窖，窖内形成一个独立的封闭式、无氧、高温的微生物反应世界，通过发酵将糖转化成酒。只有窖内发酵环境适宜才能有益于微生物生长，并代谢有益产物，让香味物质伴酒而生。酱酒由于窖池上、中、下三层发酵的温度

53

9 —— 九次蒸煮

不一样，所酿出酒的风格也迥然不同。

　　高温蒸馏：酱香型白酒蒸馏的温度比较高，通常在40℃以上，而其他白酒的接酒温度在25℃左右。高温馏酒是提取酱香物质的有效手段，既可以提高出酒率，又可以把高温制曲、高温堆积、高温发酵中生成的高沸点、水溶性的酱香物质最大限度地提取到酒中，使其酱香突出，风格质量更好。"生香靠发酵，提香靠蒸馏"，说的就是这个道理。

　　酱酒酿造的"四高"工艺是酱香型白酒独特风味和品质的重要保障。通过这四个工艺环节，酱香型白酒得以充分发酵、提取和保留其独特的香气和口感成分。

模块四

"8"——八次发酵

八次发酵是酱香型白酒酿造的核心环节，整个生产周期内，酒醅需要在窖池中经历八次发酵的过程。

这八次发酵包括清蒸下沙的 1 次发酵、混蒸糙沙的 1 次发酵，以及后续熟糟上甑蒸酒的 6 个轮次循环的 6 次发酵，总共 8 次发酵。

堆积发酵（阳发酵）：在清蒸下沙和混蒸糙沙阶段，酒醅摊晾至适宜温度后加入酒曲进行堆积发酵，充分摄取、网罗、繁殖、筛选空气中适于发酵的微生物，为后续的发酵过程奠定基础。堆积时间通常为 4~5 天，其间酒醅温度会逐渐上升，达到 50~55℃的高温。

入窖发酵（阴发酵）：在熟糟上甑蒸酒的 6 个轮次中，每个轮次都会进行封窖发酵，共计 6 次。这 6 次发酵均在窖池中进行，酒醅被密封在隔绝空气的环境中，微生物利用酒醅中的营养物质进行代谢活动，生成更多的酒精和风味物质。入窖发酵的时间通常为 1 个月左右。通过学习八次发酵，掌握八次发酵的具体步骤和操作方法，深入了解八次发酵对于酱香型白酒生产和品质的重要性，以及此工艺在白酒形成独特风味和香气的关键作用。培养团队精神和负责严谨的工作态度，确保每一次发酵都符合酿造生产的要求。

任务一 摊晾拌曲

> **知识目标：**了解并熟记、归纳摊晾拌曲的工艺流程、操作关键等。
> 了解并熟记打量水及摊晾拌曲的要求和注意事项。
> **能力目标：**能够熟练进行摊晾、拌曲等操作工序。
> 能够根据气候及环境情况，灵活调整摊晾的温度及时间。
> **素养目标：**在摊晾拌曲过程中，确保每个工序都符合工艺标准。同时注意个人安全，避免物料烫伤、划伤等事故发生，培养质量意识和安全意识。

一、任务描述

在前面的环节中，小陈顺利完成了上甑蒸粮这一工序，接下来，小陈将跟着王师傅进入摊晾拌曲的环节。在本轮任务中，小陈需掌握摊晾拌曲的工艺流程；掌握打量水的基本要求；掌握摊晾拌曲过程中的注意事项。培养小陈吃苦耐劳的精神和责任心，同时注意个人安全，避免烫伤、划伤等事故，培养质量意识和安全意识。

二、任务分析

摊晾拌曲，即将蒸好的糟醅均匀铺撒在晾堂或机械摊晾床中摊晾，翻铲成行，当糟醅温度均匀降至 28~30℃时，撒入适量曲粉（投料期间可加入一定量的尾酒），翻拌均匀，收拢成堆。

（一）打量水

在投料期间，摊晾前可洒入适量水，并翻拌均匀，有利于淀粉粒更好更快的吸水，术语中称作打量水。

蒸粮结束后出甑（见图 4.1.1），便可以打量水，其主要都是为了促进酒醅吸收水分满足发酵需求，促进其中淀粉的糊化。打量水的用量和温度要根据具体的工艺、环境、粮食、气候的特点，进行适当调整。

1. 打量水的注意事项

（1）根据糟醅的层次打量水（见图 4.1.2），上层多一些，下层少一些。

（2）保持酒醅正常的含水量在 52%~54%。

（3）量水要清洁卫生，其温度要在 95℃以上。

图 4.1.1　出甑

图 4.1.2　打量水操作

2. 打量水的作用

（1）提供水分。

（2）稀释酸度。

（3）稀释淀粉浓度。

（4）促进糟醅中微生物的新陈代谢。

3. 影响量水添加的因素

（1）季节气温。

因冬季入窖温度低，糟醅发酵升温缓慢，顶温一般不高，水分损失小，故冬季应适当减少一些。反之，在热季应适当多些量水。冬季量水用量一般为 60%~80%（新窖除外），热季为 80%~100%。

（2）糟醅水分。

出窖糟醅水分小，量水应多用。

（3）原料的差异性。

一般情况，粳高粱酒醅的量水应稍多一点，糯高粱酒醅的量水稍少一点。贮藏时间长的原料，多用一点量水；贮藏时间短的新鲜原料，则可少用一点量水。

（4）糠壳用量。

在适当范围内糠大水大、糠小水小。

（5）淀粉含量。

出窖母糟残余淀粉含量高，则多用量水；反之，则少用水。

（6）窖龄。

一般新窖（建窖时间不长的窖池）用量水的量宜大一些；老窖（几十年以上的窖池）用量水的量宜小一些。

（7）入窖糟层位置。

下层糟醅适当量水少点，上层量水适当多点。

（二）摊晾

加量水后进行摊晾加曲。摊晾按照方式可以分为机械摊晾和人工摊晾，具体的摊晾方式根据各厂区的生产要求进行选择。

1. 机械摊晾

机械摊晾主要是在晾糟机上进行。要求撒铺均匀，甩散无疙瘩，厚薄均匀，一般为 1~3 cm。等酒糟从晾糟机摊晾后，一人负责翻撒粮糟，铲散拉薄；另一人负责接糟下曲，掌握粮糟温度。每甑下曲与出粮糟的速度要相匹配，当粮糟的温度下降到入窖温度以前（一般粮糟温度会稍高于入窖温度）刚好下完为宜。每一轮次摊晾完成后，及时把晾糟机和周围打扫干净。

因为晾糟机长期与酒醅接触，具有酵母生长繁殖的适宜条件，如适当的水分、温度、营养成分等，因而晾糟机上的微生物多以酵母为主，还有细菌、霉菌等。夏季气温高，细菌感染的机会较多，因而要求摊晾时间尽可能缩短，并且要特别注意搞好清洁卫生。

2. 人工摊晾

人工摊晾主要是在晾堂进行糟醅的降温操作。将打完量水成团堆的糟醅均匀铺撒在晾堂，人工利用铲子先在糟醅中间清扫出一条路，又称破埂。每隔 20~30 cm 用铲子进行横向、竖向的翻拌。摊晾期间要时时关注糟醅的温度，保证所有糟醅的温度是均匀的，对温度过高的糟醅进行摊晾（见图 4.1.3），温度过低的进行收拢，避免糟醅出现温度过高，或者过低的情况。待温度降至 28~30℃，便可按比例加曲拌和。

图 4.1.3　摊晾

曲药用量调节应视前排出酒率而定，出酒率低时（正常上甑）应适当增加曲药用量。曲子用量过少，则发酵不完全；用曲过多则糖化发酵快，升温高而猛，给杂菌生长繁殖造成有利条件，对质量和产量都有影响。下曲温度根据入窖温度、气温变化等各方面条件灵活调整，一般在冬季比地温高 3~6℃，夏季与地温相同或高 1~2℃。

（三）洒酒尾

当熟沙摊晾到适宜的温度，收拢成堆，用喷壶洒下酒尾（酒精 30%vol），酒尾主要是丢糟酒。边洒酒尾边翻糟，使其拌和均匀。洒酒尾的目的：由于熟沙下曲后暴露在空气中进行堆积，洒酒尾可以抑制有害微生物的繁殖，提高淀粉酶和酒化酶的活力，以利于糖化发酵和产生香味物质。

三、任务实施

（一）实训内容：按照下表项目分小组进入车间进行摊晾拌曲操作。

（1）学生对周围环境进行清洁，对自身进行全身卫生消毒，保持自身清洁；测量室温、湿度。

（2）将学生分为6人一组，领取实验材料与工具，填写小组任务分配表（见表4.1.1）。

表 4.1.1　小组任务分配表

第　组	姓名	分工
组长		
组员		
组员		
组员		
组员		
组员		

（二）摊晾拌曲的操作步骤

1. 摊晾

利用行车将酒甑吊运到晾堂上，打开甑底开关，将酒醅倒置在晾堂上。清扫干净酒甑后，关闭好甑底，行车吊运到地锅上安装好，进行下一轮上甑。下糙沙期间，将量水均匀洒在刚出甑的酒醅上翻拌均匀后，再将酒醅均匀摊在晾堂上冷却。摊晾面积以宽为好，室温 ≥ 28℃时，可使用鼓风机降温。

2. 打糟

为了防止酒醅粘连结成块，酒醅摊匀后要及时打糟。用铁锨从摊晾的酒醅中间铲一条线，到达终点后，回头将酒醅划成条埂，再紧接此条埂进行其他条埂的操作。第一次打糟完后，横向进行第二次打糟。打糟后，用耙或将酒醅拉细并扫松散，保证摊晾后的酒醅不成团。

3. 拌曲

当摊晾的酒醅温度接近拌曲温度时，撒上曲药并翻拌均匀。撒曲时应尽量降低撒曲高度，以免曲粉飞扬。拌曲要求均匀无大团块。在下糙沙期间，拌曲前可将酒醅收成条埂，均匀洒上尾酒进行翻拌再撒曲药进行翻拌。

加曲完毕后，即可进入下一环节——堆积发酵。

模块四

「8」——八次发酵

四、考核评价

（一）企业教师对学生实训过程进行点评

企业教师评价表见表 4.1.2。

表 4.1.2　企业教师评价表

序号	评价内容	满分	实得分
1	课前准备充分，实验后桌面整洁，实验器材摆放整齐	10	
2	操作过程准确、熟练	20	
3	实验记录清楚准确	20	
4	通过实验，掌握该节基本理论知识与方法	25	
5	理论联系实践，能将课堂知识应用到实际情境中	25	
总评：			

（二）评价反馈

考核评价表见表 4.1.3。

表 4.1.3　考核评价表

序号	评价项目	评价内容	分值	学生组内互评占 20%	学校教师评价占 40%	企业教师评价占 40%	合计
1	职业素养 30 分	分工合理，制订计划能力强，严谨认真	5				
		爱岗敬业、安全意识、责任意识、服从意识	5				
		团队合作、交流沟通能力	5				
		遵守行业规范、现场 6S 标准	5				
		主动性强，保质保量完成工作页相关任务	5				
		能采取多样化手段收集信息，解决问题	5				
2	职业技能 60 分	准备工作充分	10				
		摊晾规范操作	20				
		拌曲是否符合标准	20				
		操作过程严肃认真、精益求精	10				
3	知识素养 10 分	说出摊晾拌曲的操作工序	5				
		说明影响打量水的因素	5				
	合计		100				

评价人签名：

时间：

（三）课后习题

1. 在本次任务实践过程中，用流程图画出摊晾拌曲的具体步骤。
2. 在本次任务实践过程中，用文字描述出打量水的作用及影响因素。

五、拓展延伸

用曲"冬多夏少"的原因

在酿酒行业中，有"冬歇九、夏歇伏"的说法。这是因为夏季天气炎热时，容易导致糟醅升温过快过高，从而导致酒中产生异杂味。相反，冬季酿酒容易坏醅，由于环境温度较低，容易导致发酵温度不足，产酒、产香都不足。

那么，为了提高出酒率，是否可以增加白酒酒曲的用量呢？如果可以，增加多少才合适呢？增加酒曲用量过多会引发哪些问题呢？实际上，在特定的场景下，为了确保粮食的充分发酵，适当增加酒曲用量是可行的。

在冬季气温较低的情况下，酒曲中微生物的活性受到限制，适当增加酒曲用量可以保证发酵的正常进行。

为了解决冬季出酒率较低的问题，可以采取以下措施：

（1）控制发酵温度。建造一个恒温发酵车间，面积在 30~40 m² 即可。发酵室的地面应铺设一层保温材料，墙壁和屋顶用铝板钉起来并密封好，中间填充 8~10 cm 厚的保温泡沫。保温泡沫的厚度应根据当地气候而定，如果位于寒冷的北方地区，可能需要更厚的保温材料。通过这些措施可以辅助升温保温，降低冬季酿酒的成本。

（2）减少配糟用量。通过配糟能够调整糟醅的淀粉浓度、酸度和温度，有助于提升发酵的稳定性、出酒率和酒的品质。适当减少配糟用量可以提高糖化的升温速度并保证糖化的正常进行。

（3）增加糖化的堆积厚度。在糖化过程中增加堆积厚度可以提高糟醅的升温速度并保持在适宜的发酵温度。调整堆积的厚度应根据气温的变化而变化，一般来说，夏季厚度为 10~15 cm，春秋季厚度为 15~20 cm，冬季则应达到 20~25 cm。

总之，在冬季白酒生产过程中，通过采取相应的升温保温措施、适当调整配糟用量和糖化堆积厚度等方法，并灵活运用它们以适应不同的酿造环境和条件，可以提高出酒率和白酒品质。

任务二　糖化堆积

知识目标：掌握并描述出糖化堆积的基本原理和过程。

了解糖化堆积中关键参数（如温度、水分、时间）对发酵质量的影响。

能力目标：能够熟练操作糖化堆积相关的设备进行整个糖化堆积过程。

能够分析和解决糖化堆积过程中出现的问题，提高发酵效率。

素养目标：培养质量意识和安全意识，确保糖化堆积过程符合质量标准，同时保障个人和团队的安全。

培养团队协作和沟通能力，与团队成员共同协作，提高糖化堆积的效率和质量。

一、任务描述

小陈在完成摊晾拌曲操作后，紧接着学习糟醅收堆的操作方式及其注意事项。通过学习，他应该阐明堆积糖化的目的及作用，学会把握收堆的用曲量及收堆温度，学会堆积发酵异常情况的处理方法，以此培养学生娴熟的职业技能及灵活处理随机事件的能力。

二、任务分析

小陈完成摊晾加曲的工艺流程后，随王师傅继续来到糖化堆积的环节。

糖化堆积是一种食品加工中的常用技术，主要用于生产酒类饮品及酱油、食用醋等调味品。前期通过对原料进行筛选、润料、蒸煮处理，使淀粉充分糊化，再进行堆积，使原料中的淀粉在微生物的作用下发生糖化反应。在经历 2~4 天的堆积糖化后将淀粉转化为可发酵的糖类物质。

清蒸下沙后的高粱经过充分糊化后进行堆积和升温，堆积过程中会大程度网罗环境中的各种微生物，淀粉原料在微生物产生的多种酶作用下发生糖化反应，转化为可发酵的糖类物质，便于在后期充分转化为酒精。与其他香型的白酒不同，酱香型白酒糖化堆积时的温度一般较高，以网罗环境中的有益微生物，并使酵母菌生长繁殖，为代谢产生多种酒体香味物质创造条件。这是入窖发酵形成酱香风味的必要环节，其主要目的就在于培菌增香。

收堆温度、堆积时间一般随环境因素的变化而变化。通常情况下，堆积时间越长，堆积温度较高，白酒产量随之越高，酱香更突出。

（一）糖化过程中的物质变化

淀粉经酶的分解作用生成糖及其中间产物的过程叫糖化过程。在白酒生产中，固态或半固态发酵生产白酒是边糖化边发酵，是同时进行的。糖化过程中涉及的物质变化主要是淀粉酶解生产糖以及其他一系列的生物化学反应。

1.淀粉的酶解及其产物

淀粉酶解总反应式如下：

$$(C_6H_{10}O_5)_n + nH_2O \xrightarrow{\text{淀粉酶}} nC_6H_{12}O_6$$

淀粉　　　　水　　　　　　　　葡萄糖

2.淀粉酶解产物特性

（1）淀粉的结构。

淀粉分子式为$(C_6H_{10}O_5)_n$，由多个葡萄糖脱水缩合连接而成。淀粉主要分为直链淀粉和支链淀粉两类：如糯性高粱、大米、玉米等的淀粉，大多是支链淀粉；而粳性粮谷支链淀粉占比较高，大约有80%，直链淀粉占20%左右。

①直链淀粉：由大量葡萄糖分子组成不分枝的链状结构。其相对分子质量为几万至几十万，易溶于水，溶液黏度不大，容易老化，酶解较完全。

②支链淀粉：呈分支的链状结构，其相对分子质量为几十万至几百万；热水中难溶解，溶液黏度较高，不容易老化，糖化速度较慢。

（2）淀粉酶解产物的特性。

糖化作用后，依据淀粉遇碘显色原理，直链淀粉遇碘呈蓝色，支链淀粉遇碘呈紫红色，糊精遇碘呈蓝紫、紫、橙等颜色。这些显色反应的灵敏度很高，常用于淀粉的定量和定性。随着酶解反应的进行，对碘的呈色反应渐趋消失。

淀粉酶解的反应速度主要受大曲质量、发酵温度及升酸因素的影响。酒醅升温及生酸速度稳定，酒精转化速度快，出酒率就高。前期和中期，淀粉浓度下降，酒精转化较快；发酵后期，由于产物酒精含量及酸度较高，淀粉酶和酵母活力被削弱，造成淀粉浓度变化小。

（二）堆积网罗微生物

酱香型白酒的糖化堆积过程是其独特风味形成的关键环节，这一过程中微生物的网罗和繁殖起着重要作用。大量的微生物在堆积过程当中利用有机物质生成各种酶，如液化酶、蛋白酶等，这些物质在生成酱香型白酒独特风味和香气时有着重要的作用。

1.多样化的微生物来源

（1）空气中的自然微生物：堆积过程一般在通风的环境中进行，空气中的乳酸菌、酵母菌等微生物附着到原料表面，增加微生物多样性。

（2）原料表面微生物：高粱和大曲中携带的微生物直接进入堆积过程中，参与发酵。

（3）器具和环境微生物：传统酿酒环境（如窖池、发酵场地）经过长期发酵活动后，积累了大量适应当地环境的独特微生物群落。

2. 主要的微生物

（1）优势菌群的形成：堆积初期，以霉菌和酵母菌为主，它们产生糖化酶和发酵酶，将淀粉转化为糖分。

（2）中后期的细菌繁殖：如乳酸菌和醋酸菌，参与后续的酸化和风味物质合成。

（3）耐高温微生物的生长：堆积温度升高后，能够耐受高温的微生物（如地衣芽孢杆菌）占主导地位，促进复杂风味物质的生成。

（三）清蒸下沙

1. 收堆温度

清蒸下沙结束后，待冷却至 28~32℃为宜，糟醅中酵母菌活力较高，且数量最多，有利于糖化发酵。

2. 收堆操作

先于堆积区域均匀地撒上曲粉，依次由中心向外堆积，要求从四面向上堆。为让曲中的微生物迅速增殖，堆积操作要求酒糟疏松透气，糖化堆无团块，层层覆盖；在堆积过程中，"沙"暴露在空气中，捕获空气中的有益微生物，同时麦曲中微生物得以大量繁殖，为整个糖化发酵、产生酱香味创造条件。

堆积时间为 3~4 天，糖化堆顶部温度在 50℃左右，中心温度约 30℃，已达到"二次制曲，培菌增香"的目的，用手插入堆积槽内感到热手且有明显酒香，无异杂味时，即可下窖发酵。

糟醅堆积时间直接影响后期的原酒质量：若堆积时间过短，糟醅过"嫩"，则酒体香气较弱；若时间过长，糟醅过"老"，则酒体易产生燥辣、冲鼻、酸苦等气味。

（四）堆积发酵异常处理

（1）环境气温过低，糖化堆升温过慢或无法升温，导致微生物发酵异常。

处理方法：控制好糊化时间、缩短上堆时间和糟醅各层温差等，糖化堆则需通过松堆、翻堆等方式进行处理。

（2）产生"包心"现象。主要是在堆积操作中，物料欠疏松，含氧量不足，以及水分较高，导致曲堆不易升温。

处理方法：在堆积发酵中，应保持物料的疏松，以确保充足的氧气供应，并控制好水分，以避免"包心"现象的发生。

（3）形成团状或块状的一层酒醅。

这是上一个生产周期与下一个生产周期酒醅之间的温差过大、过度糊化以及水分过多共同造成的，会影响堆积发酵过程中微生物与微生物、微生物与环境之间的作用，最终影响堆积发酵。

处理方法：将异常曲堆四周挖开后转移到旁边的空地上进行再次堆积发酵，促进各类微生物的生长繁殖，有效提高酒醅出酒率；恢复正常升温，显著增加酒醅中还原糖含量，有效降低酒醅的总酸与水分含量；显著增加酒醅中的好氧菌，如芽孢杆菌和高温放线菌的数量，并减少乳酸杆菌数量。

（五）混蒸糙沙

混蒸糙沙环节的糖化堆积的工艺操作与清蒸下沙环节大致相同，同样先在堆积地面上撒曲粉，以中心向外堆积，四面向上堆，要求疏松透气，一层覆盖一层，无起团现象。

糖化堆积在进行混蒸糙沙时，温度会比清蒸下沙要低，糙沙堆积的时间要比清蒸下沙堆积时间长 1~2 天，且糙沙糖化堆积的温度一般是 50~55℃，比下沙高 5℃左右。堆积糟出现酒香味和甜香味，才符合入窖要求。适当提高堆积温度能有效提升酒质和产量，复蒸回沙环节亦是如此。

三、任务实施

（一）实训内容：按照下列要求，分小组进入车间进行糖化堆积操作。

（1）学生对周围环境进行清洁，对自身进行全身卫生消毒，保持自身清洁；测量室温、湿度。

（2）将学生分为 6 人一组，领取实验材料与工具，填写小组任务分配表（见表4.2.1）。

表 4.2.1　小组任务分配表

第　组	姓名	分工
组长		
组员		
组员		
组员		
组员		
组员		

学习糖化堆积的过程后，小陈了解了收堆操作、高温收堆的原理。他在观看了王师傅的亲身示范及经验交流后，迫不及待地想要进行实践操作，于是，在王师傅的引导下，开始了他的实操体验。

小陈来到堆积区，同师傅学习如何进行收堆操作，针对不同发酵异常情况进行判断并有效处理。

四、考核评价

（一）企业教师对学生实训过程进行点评

企业教师评价表见表 4.2.2。

表 4.2.2　企业教师评价表

序号	评价内容	满分	实得分
1	课前准备充分，实验后桌面整洁，实验器材摆放整齐	10	
2	操作过程准确、熟练	20	
3	实验记录清楚准确	20	
4	通过实验，掌握该节基本理论知识与方法	25	
5	理论联系实践，能将课堂知识应用到实际情境中	25	
总评：			

（二）评价反馈

考核评价表见表 4.2.3。

表 4.2.3　考核评价表

序号	评价项目	评价内容	分值	学生组内互评占 20%	学校教师评价占 40%	企业教师评价占 40%	合计
1	职业素养 30 分	分工合理，制订计划能力强，严谨认真	5				
		爱岗敬业、安全意识、责任意识、服从意识	5				
		团队合作、交流沟通能力	5				
		遵守行业规范、现场 6S 标准	5				
		主动性强，保质保量完成工作页相关任务	5				
		能采取多样化手段收集信息，解决问题	5				
2	职业技能 60 分	准备工作充分	10				
		糖化堆积操作	20				
		糟醅是否符合标准	20				
		操作过程严肃认真、精益求精	10				
3	知识素养 10 分	说出糖化效果的判断依据	5				
		说明糟醅发酵异常的处理方法	5				
	合计		100				

评价人签名：

时间：

（三）课后习题

1. 在本次任务实践过程中，用流程图表示出收堆操作的具体步骤。

2. 在本次任务实践过程中，用文字描述出糟醅发酵的异常情况及处理方法。

五、拓展延伸

不同堆积方式

酱香型白酒酿造工艺主要利用自然发酵，最能体现其特点的便是其中的糖化堆积。酒醅经过糖化堆积，可以网罗生产环境中的微生物，尤其是酵母菌的大量繁殖，其代谢生成多种酶类和代谢风味物质，为后续的下窖发酵富集微生物、酶类及风味物质创造了条件，因而堆积糖化又称"二次制曲"。糖化堆积是酱酒酿造的关键工序之一，不同的堆积方式对原酒的产量、酒质及风格特点有一定的影响，常见堆积方式有以下两种：

"平顶式"堆积方式：人工将酒醅铲入桥式起重机抓斗设备中，抓斗提升至糖化堆顶部，将抓斗内酒醅沿糖化堆的顶部外沿顺时针或逆时针缓慢均匀丢放，酒醅自然滑落，堆顶呈圆形平面，直至该糖化堆丢堆完毕，参见图 4.2.1。

"尖顶式"堆积方式：人工将酒醅铲入桥式起重机抓斗设备中，抓斗提升至糖化堆顶部，将抓斗内酒醅自堆顶中心点缓慢均匀丢放，酒醅自然滑落，堆顶呈尖锥形，直至该糖化堆丢堆完毕，参见图 4.2.2。

图 4.2.1　平顶式

图 4.2.2　尖顶式

任务三　入池发酵

知识目标： 了解入池发酵过程中的微生物作用。

掌握后续的窖池管理工作要点。

能力目标： 掌握入池发酵的基础流程。

熟悉窖坑的预处理、窖内酒醅的处理和封窖等基本操作。

素养目标： 培养吃苦耐劳、细心负责的职业精神以及归纳反思能力。

一、任务导入

小陈顺利完成了堆积发酵的工作，现在，他需要学习入池发酵这一环节。在此过程中，小陈将掌握入池发酵的基础流程，明确窖坑的预处理工作，以及窖内酒醅的处理和封窖的各种要求。入池发酵对于酱香型白酒酿造是一个至关重要的环节。

小陈将跟随师傅完成制作窖底醅、窖坑预处理以及窖内酒醅处理和封窖等环节；了解在入池发酵过程中的微生物作用，同时了解后续的窖池管理工作。在此过程中培养小陈细心负责、吃苦耐劳的精神。

二、任务分析

入池发酵是糟醅在完成堆积发酵后，开窖取醅之前的一项重要工艺流程。在这个过程中，酒窖内的糟醅会在曲药和窖池微生物等作用下发酵生香。这一过程的顺利进行，离不开正确的操作和精心的管理。

糟醅糖化堆积后进行发酵的容器统称为窖池，窖池的材质和规格因香型的不同而有所区别。酱香型白酒窖池一般窖壁用方块石或长条石堆砌而成，窖底以窖泥为主，并配有排水沟（见图 4.3.1）。"窖池"一般是用特有的黄泥、酒尾等掺和筑成。窖底泥是将新鲜土壤与高温大曲，以及酒尾混合均匀后置于窖池底部的窖泥，它对白酒中微量香味成分的形成及其量比关系的协调起着一定的作用，对酱香型白酒酿造品质有一定影响。

窖池规格一般根据具体生产需要而定；较小的窖池一般容积为 10~15 m^3，每窖可投粮约 6 000 kg；较大的窖池一般容积为 40~45 m^3，每窖可投粮约 20 000 kg。

图 4.3.1　窖池

（一）窖池预处理

对于长期未投入生产使用的窖池来说，在下窖前可用木柴烧窖。其目的是消灭窖池内的杂菌，提高窖池内温度，除去窖池内一年最后一轮次发酵时产生的枯糟气味，使酿造出的酒体更干净，酱味更浓。

预处理时间应根据窖池大小、新旧程度、闲置时间和干湿情况来决定，烧窖时间一般为 1~2.5 h。一般新建窖或长期停用窖则需烧窖 24 h 以上。烧窖完毕，待窖内温度稍降，需扫尽窖内灰烬，并用少量酒糟撒入窖底，随即扫除，然后开始下窖。

（二）下窖

在下窖前，需要将酒尾喷洒在窖内壁四周及窖底，然后加入适量的麦曲粉，即底曲。下窖时需使糟醅的上、中、下各部稍加混合，再用簸箕或手推车倒入窖内；下窖两三甑后，喷洒酒尾1次，靠近窖底，酒尾喷洒量逐渐减少，一般在清蒸下沙环节中，酒尾用量占原粮约3%。窖池内的微生物从第7~8天开始发挥作用，使糟醅中的糖分转化为酒精。下窖操作时间尽可能短，防止杂菌污染，同时避免酒尾挥发，最终保持发酵温度处于正常状态。

（三）踩窖

发酵糟醅入窖后，由于材料较疏松，糟醅中存有空气，不利于微生物进行无氧呼吸，产酒率降低，所以在酒醅入窖时，要用人工脚踩或用压脚板将醅踩压严实。

踩窖过程中的注意事项：

（1）糟醅的紧密度，在不同季节会有所不同。例如，在较冷的季节，糟醅入窖后踩窖要稍疏松，以利于酵母的繁殖和正常升温；而在较热的季节，踩窖时要更紧密，以防止发酵过程中升温过猛。踩窖的紧密度还与发酵过程中的升温速度有关。如果窖池升温速度快，踩窖可以紧一些，多排出一些空气，以减缓发酵速度；如果升温速度慢，踩窖则要轻一些，让含有空气多一些，有利于发酵进行。踩窖紧密度不够，会导致发酵糟太过疏松，溶氧较多，使糖化发酵过程升温迅速，生酸幅度较大，进而导致出产原酒酒质不佳。

（2）密封性，由于酵母菌在无氧环境下进行无氧呼吸才能生成酒精，踩窖后氧气含量降低，因此需确保发酵过程在无氧或低氧环境下进行。

（3）均匀性，刚入窖后的糟醅存在不均匀、不平整的现象，因此需要踩窖确保整个窖池的均匀度、平整度。

（四）封窖

下窖完毕，需将糟醅表面铺平，并用木板轻轻压紧，撒一层稻壳（刚好覆盖酒糟即可），再加两甑盖糟，最后用窖泥封窖。封窖的目的是杜绝空气和避免杂菌污染，创造利于有益微生物厌氧发酵的环境，切忌封窖泥太薄和漏气。封窖泥厚8~10 cm，并且要有专人管窖，保证窖面不干裂。如果窖面出现裂缝或四周出现塌窖，要立即用窖泥补好。为防止窖面干裂，应定期对窖面洒水抹光，封窖用水以清洁的冷水为佳。

（五）后期养护

糟醅下窖后，因微生物需在隔绝空气条件下进行厌气性发酵，所以需要每天用泥板抹窖池的封泥，避免开口裂缝。否则有空气进入窖内，发酵时酒糟易长霉糟醅成团块。以30天为一个发酵周期，发酵温度在35~43℃。此外，发酵过程中的温度控制也非常重要，需要实时监测和调整，把窖池内的温度保持在适宜的范围，以保持微生物的正常活动。过高或过低的温度都可能导致微生物酶活性受到影响，从而进一步影响白酒的品质。

三、任务实施

（一）实训内容：按照下列要求分小组进入车间进行入池发酵操作。

（1）学生对周围环境进行清洁，对自身进行全身卫生消毒，保持自身清洁；测量室温、湿度；

（2）将学生分为6人一组，领取实验材料与工具，填写小组任务分配表（见表4.3.1）。

表 4.3.1　小组任务分配表

第　组	姓名	分工
组长		
组员		
组员		
组员		
组员		
组员		

小陈在进行收堆糖化操作后，跟着王师傅进行入窖发酵的实践操作。

小陈来到车间，同师傅学习入窖的工艺要点操作，窖池的预处理、下窖、踩窖等工作。具体操作流程如下：

烧窖 → 下窖 → 踩窖 → 封窖 → 后期管理

四、考核评价

（一）企业教师对学生实训过程进行点评

企业教师评价表见表4.3.2。

表 4.3.2　企业教师评价表

序号	评价内容	满分	实得分
1	课前准备充分，实验后桌面整洁，实验器材摆放整齐	10	
2	操作过程准确、熟练	20	
3	实验记录清楚准确	20	
4	通过实验，掌握该节基本理论知识与方法	25	
5	理论联系实践，能将课堂知识应用到实际情境中	25	
总评：			

（二）评价反馈

考核评价表见表 4.3.3。

表 4.3.3　考核评价表

序号	评价项目	评价内容	分值	学生组内互评占 20%	学校教师评价占 40%	企业教师评价占 40%	合计
1	职业素养 30 分	分工合理，制订计划能力强，严谨认真	5				
		爱岗敬业、安全意识、责任意识、服从意识	5				
		团队合作、交流沟通能力	5				
		遵守行业规范、现场 6S 标准	5				
		主动性强，保质保量完成工作页相关任务	5				
		能采取多样化手段收集信息，解决问题	5				
2	职业技能 60 分	准备工作充分	10				
		入窖规范操作	20				
		下窖是否符合标准	20				
		操作过程严肃认真、精益求精	10				
3	知识素养 10 分	说出踩窖过程中的注意事项	5				
		说明入窖发酵的操作流程	5				
	合计		100				

评价人签名：

时间：

（三）课后习题

1. 在本次任务实践过程中，用文字描述出踩窖过程中的注意事项。

2. 在本次任务实践过程中，用文字描述出入房堆积的具体操作流程。

71

模块四

8 —— 八次发酵

五、拓展延伸

神奇的窖泥

　　首先，窖泥主要用于封窖和制作窖底，是糟醅在窖池内无氧发酵表层的密封设备。它能够有效地防止空气进入，减少氧气的接触，从而保持发酵环境的稳定性。窖泥还具有一定的透气性，可以保持适当的氧气供应，但不会过量地进入发酵容器，防止氧化反应的发生。这种稳定的发酵环境有助于酵母菌的繁殖和酒精的产生，进而保证了白酒的风味和品质。

　　其次，窖泥作为微生物的载体，发挥着十分重要的作用。它被称为酿酒"微生物黄金"，为酿酒微生物发酵提供适宜的环境。在酱香型白酒的发酵过程中，窖泥中庞大的微生物体系是催化物，实现了物质能量的转换。窖泥中的微生物种群在窖池内复杂物质能量代谢过程中为白酒的生产提供源源不断的动力。窖底泥也是微生物的安乐窝，在复杂的物质代谢过程中为酿酒提供了丰富的风味物质，如丁酸、己酸和己酸乙酯等，这些微量风味成分的形成及比例关系一定程度上决定了白酒的酿造品质。

　　一个经过多年发展的酒厂产酒用的窖泥自然年份不低，富集的微生物类群自然更丰富，酿出的酒自然质量更好。例如，贵州茅台镇、古蔺郎郎酒等的酱香型白酒发酵用的窖池由紫红泥底砂条石窖组成，封窖用泥要求用无杂物、无污染、腐质少的本地黄色或紫红色黏性泥土，使用新泥和老泥各占二分之一混合，以提高窖泥的循环使用率。

　　总的来说，窖泥在白酒生产过程中起着至关重要的作用，它不仅是保持发酵环境稳定性的关键，还是微生物发酵的载体，为白酒生产提供源源不断的动力。同时，窖泥的质量也直接影响着白酒的风味和口感。

模块五

"7"——七次取酒

七次取酒是酱香型白酒酿造过程中的一项核心工艺，它遵循"一二九八七"的传统酿造法则，即一年一个生产周期，两次投料，九次蒸煮，八次发酵，七次取酒。这一工艺确保了酱香型白酒的独特韵味和卓越品质。

在酿造过程中，每一轮次的取酒都展现出不同的风味特征和酒精度数。具体如下：

一轮次酒（头酒）：色泽无色透明，香气带有酱香、花香、生粮香等，味道前中段突出，清中带酱，后味微苦，酒精浓度通常在57%vol以上。

二轮次酒：色泽同样无色透明，入口醇偏厚，带有酸涩感，后味干净，酒精浓度在54.5%vol以上。

三轮次酒：酒体无色透明，醇和干净，后味长，是酱酒酿造中至关重要的一环，出酒好，酒质高。

四轮次酒（大回酒）：香气浓厚，口感丰富，酒体醇和回甘，后味干净且余味绵长，酒精浓度在52.5%vol以上。

五轮次酒：色泽无色（微黄）透明，口感柔顺，带有花香、曲香等舒适香气，酒精度数在52.5%vol左右，与成品酒香气风格最为接近。

六轮次酒（小曲酒）：酒体无色（微黄）透明，醇和带有舒适的曲香，略带烟味，取酒浓度在52%vol左右。

七轮次酒（追糟酒或丢糟酒）：呈无色（微黄）透明状态，酱味明显，焦煳味突出，取酒浓度在52%vol以上。

对酱香型白酒酿造者来说，掌握七次取酒的知识是至关重要的。需要全面掌握酱香型白酒的酿造流程，特别是七次取酒的具体步骤和注意事项。了解每个轮次取酒的特点

模块五

『7』——七次取酒

和差异，以及它们如何共同构成酱香型白酒的独特风味。精确控制发酵条件：熟悉发酵过程中温度、湿度、微生物群落等关键因素的控制方法。通过精确控制这些因素，确保每个轮次的发酵都能达到最佳状态，从而提取出优质的酒液。

七次取酒是酱香型白酒酿造过程中的一项关键工艺，它要求酿造者具备深厚的专业知识和精湛的技能。通过不断学习和实践，为酿造出更加优质的酱香型，酿造者应该不断提升自己的知识能力素养。

任务一　出窖拌料

知识目标：掌握酱香型白酒糟醅出窖的时机，了解发酵周期对糟醅品质的影响。
掌握拌料时糠壳的添加比例及根据糟醅实际情况调整辅料量的方法。
能力目标：掌握糟醅晾置、散味、拌和等处理技巧，确保糟醅的均匀性和一致性。
能够根据酿酒配方要求，准确计算并添加适量的糠壳进行拌料。
素养目标：培养学生的团队协作意识，学会在酿酒过程中与团队成员有效沟通和协作。
培养学生的创新精神和解决问题的能力，鼓励在酿酒工艺中探索新方法和新思路。

一、任务导入

小陈在学习有关发酵的知识后，总结出糟醅在经过一轮次发酵后，其中的淀粉会被微生物利用，从而在糟醅内部积累生产所需要的大量酒精和酒类风味物质。

怎么才能够更有效地获得这些物质？师傅告诉小陈:糟醅出窖后需要拌和一定的辅料，以便于下一步的操作，出窖拌料是取酒的关键步骤，这一步骤不仅影响酒的产量，同时会影响酒的质量。

小陈跟随师傅的步伐来到了窖池区域，开始学习出窖的知识……

二、任务分析

（一）出窖的时机

酱香型白酒的糟醅在进入窖池内发酵 30~45 天为一个轮次。一般情况下，酱香型白酒的出窖酸度通常在 3.5~4.5。下沙（第一次投料）出窖水分尽量控制在 38% 以内，最高不超过 39%；糙沙（第二次投料）出窖水分含量控制在 40% 以内，最高不超过 40.5%；到第六次酒的糟醅出窖水分尽量控制在 48% 以内。出窖时糟醅的温度通常为 35~43℃。

　　每一轮次发酵结束后，待糟醅发酵一定时间且达到各参数标准即可开窖，将窖池内部的糟醅起糟出窖。

（二）出窖的工具

1. 行车

　　行车（见图 5.1.1）是人们对吊车、航车、天车等起重机的俗称，和我们所称的起重机基本一样。酿造车间里常见的行车一般为桥式起重机。出窖工具中的行车安全至关重要，它关系到操作人员的生命安全及酒厂的生产安全。确保行车设备完好、操作规范，能有效预防事故发生，保障出窖作业顺利进行。操作行车的工人必须具备相关的职业资格证书。

图 5.1.1　行车

2. 抓斗

　　抓斗（见图 5.1.2）是指起重机抓取干散货物的专用工具。抓斗一般装置于行车上，用于抓取窖池内部的糟醅。一般情况下，抓斗抓一次的糟醅量约为半甑。

图 5.1.2　抓斗

3. 耙梳

耙梳（见图 5.1.3）是归拢或散开谷物、柴草或平整土地用的一种农具，柄长，装有木、竹或铁制的齿。此类工具用于整理糟醅表面。

图 5.1.3　耙梳

4. 扫把

此类工具用于打扫抓斗表面糟醅，避免在运输过程当中糟醅四处撒落，造成糟醅损失、车间卫生不易清洁。

（三）糟醅出窖

酿造过程中，糟醅出窖前准备好相应的工具。首先用耙梳将封窖泥挖开，再用扫把扫干净发酵糟上面的盖糟和泥块，将糟醅暴露出来。此时，行车工操控行车，下降抓斗抓取窖池内糟醅，每次抓取窖内半甑发酵糟。抓斗抓稳糟醅悬于半空中，工人用扫把扫净抓斗表面的糟醅，以免四处撒落，影响车间卫生，造成浪费。行车运输抓取有糟醅的抓斗，将抓斗内糟醅放置于空地。其余工人使用铁锹拌入糠壳，并使用耙梳将出窖酒醅进行拌和，再取够所需酒醅量，一名工人进入窖池内使用耙梳将酒醅面被挖出来形成的凹陷扒平。

（四）拌料的作用

（1）调整糟醅的营养成分和水分。发酵过程中，糟醅中的营养成分和水分会有所变化，拌料可以调整糟醅的营养成分和水分，使其更适合微生物的生长和代谢，从而保证发酵的正常进行。

（2）增加糟醅的透气性。拌料可以增加糟醅的透气性，有利于微生物的呼吸和代谢，促进发酵的进行。

（3）控制发酵温度。拌料可以控制发酵温度，避免温度过高或过低对发酵造成不利影响。

（4）促进糟醅的均匀性。拌料可以使糟醅中的微生物、营养成分和水分等更加均匀，有利于提高白酒的质量和稳定性。

总之，发酵后的糟醅在开窖后拌料是白酒生产过程中的重要环节，有利于调整糟醅的营养成分和水分、增加透气性、控制发酵温度和促进糟醅的均匀性，从而保证白酒的质量和稳定性。

（五）出窖拌料比例

一般来说，一整批"沙"拌料需要 16% 的糠壳。不同轮次中，每甑糟醅拌和所需辅料量是不同的。根据酒醅实际情况进行调整。每一甑糟醅一般需要 6~9 kg 糠壳。

三、任务实施

（一）实训内容

1. 分组

将班级学生分组，6 名学生一组，轮值安排生成组长。

2. 操作步骤

（1）学生进行全身卫生消毒，保持自身清洁；调整室内操作环境的温度、湿度等。

（2）每一组学生指定一口窖池。

（3）领取工具、器件，填写好小组任务分配表（见表 5.1.1）。

表 5.1.1　小组任务分配表

第　组	姓名	分工
组长		
组员		
组员		
组员		
组员		
组员		

（4）6 名学生一同将封窖泥挖开，打扫发酵糟表面，清除盖糟和泥块。

（5）等待行车师傅挖取糟醅，1 名学生用扫把打扫抓斗表面。

（6）抓斗将糟醅抱起放置到晾堂后，1 名学生用铁锹抛撒糠壳，1 名学生使用耙梳进行拌和。（可利用行车抓斗辅助拌和）

（7）抓斗抱完所需糟醅量后，剩下的 3 名学生用耙梳将窖池内糟醅整理平坦。

在掌握了出窖拌料的理论知识后，小陈在师傅的带领下，开始练习……

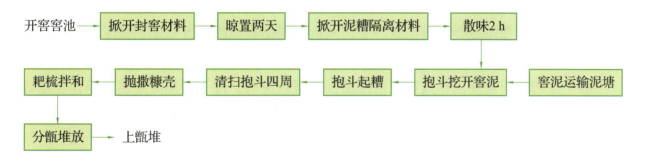

（二）实施步骤

1. 糟醅准备与初步处理

工作人员首先会检查糟醅的质量，确保所有糟醅都符合出窖标准。接着，使用专用的工具掀开封窖池材料，让糟醅暴露在空气中。

晾置糟醅两天，旨在让糟醅适应外部环境，减少其内部的水分含量，便于后续的加工处理。

2. 糟醅深度处理与准备

在晾置完成后，工作人员会再次检查糟醅的状态，并使用特定的工具掀开窖泥隔离材料，使糟醅完全暴露。

糟醅暴露后，需要散味两小时，以去除糟醅中可能存在的异味或不良气味，确保后续酿造的酒味道纯正。

进行耙梳拌和时，工作人员会使用专门的耙梳工具，将糟醅进行充分的混合和搅拌，确保糟醅的均匀性和一致性。

3. 糠壳抛撒与清扫

在拌和完成后，按照配方要求，将适量的糠壳均匀地抛撒在糟醅上。糠壳的作用主要是调节糟醅的甜度和口感。

抛撒糠壳后，工作人员会使用清洁工具清扫抓斗四周，确保工作区域干净整洁，避免杂质污染糟醅。

4. 起糟与挖窖泥

抓斗起糟是酿酒过程中的重要步骤之一，工作人员会使用抓斗将处理好的糟醅从容器中取出。

在起糟的同时，工作人员还需要挖开窖泥。窖泥是酿酒过程中用于窖藏的土壤，其质量和状态对酿酒的品质有着重要影响。挖开窖泥后，需要将其运输到指定的区域进行后续处理。

5. 窖泥处理与存放

挖出的窖泥需要进行进一步的处理，如筛选、去杂等，以确保其质量和纯度。处理好的窖泥会被运输到泥塘进行存放，以便后续酿酒过程中再次使用。

6. 成品存放

对处理好的糟醅进行分堆堆放，工作人员会根据酿酒的配方和工艺要求，将糟醅按照一定的比例和顺序上甑到酒甑中。

整个酿酒过程需要工作人员严格按照操作规程进行，每一步都需要精细操作，以确保最终酿出的酒品质量上乘、口感纯正。

四、考核评价

（一）企业教师对学生实训过程进行点评

企业教师评价表见表 5.1.2。

表 5.1.2　企业教师评价表

序号	评价内容	满分	实得分
1	课前准备充分，实验后桌面整洁，实验器材摆放整齐	10	
2	操作过程准确、熟练	20	
3	实验记录清楚准确	20	
4	通过实验，掌握该节基本理论知识与方法	25	
5	理论联系实践，能将课堂知识应用到实际情境中	25	
总评：			

（二）评价反馈

考核评价表见表 5.1.3。

表 5.1.3　考核评价表

序号	评价项目	评价内容	分值	学生组内互评占 20%	学校教师评价占 40%	企业教师评价占 40%	合计
1	职业素养 30 分	分工合理，制订计划能力强，严谨认真	5				
		爱岗敬业、安全意识、责任意识、服从意识	5				
		团队合作、交流沟通能力	5				
		遵守行业规范、现场 6S 标准	5				
		主动性强，保质保量完成工作页相关任务	5				
		能采取多样化手段收集信息，解决问题	5				
2	职业技能 60 分	准备工作充分	10				
		出窖规范操作	20				
		拌料是否符合标准	20				
		操作过程严肃认真、精益求精	10				
3	知识素养 10 分	说出拌料的作用	5				
		说出出窖的作用	5				
	合计		100				
评价人签名：　　　　　　　　　　　　　　　　　时间：							

（三）课后习题

1. 在本次任务实施过程中，窖池内部窖泥是什么颜色？有没有白色的斑点？这些白色斑点是什么？

2. 在开窖拌料的过程当中，你认为哪个细节最重要？为什么？

五、拓展延伸

窖泥与人生：沉淀的智慧

在古老神秘的赤水河流域，有着世代相传的酱香型白酒窖池。这片窖池里，藏着一种名为"窖泥"的神奇物质，它见证了岁月的流转，也承载了无数酿酒人的智慧和汗水。

这片窖泥（见图5.1.4），原本只是普通的泥土，但经过数百年的沉淀和发酵，它变得黝黑而富有弹性，散发出独特的香气。每一代酿酒人都会用心呵护这片窖泥，因为他们知道，只有经过长时间的沉淀和积累，才能酿出最纯正的酱香型白酒。

人生何尝不是如此？只有经过时间的洗礼和内心的沉淀，我们才能变得更加成熟和稳重。你看，历史上许多伟人也是经过长时间的沉淀和积累，才取得了举世瞩目的成就。

比如，伟大的科学家爱因斯坦。他在提出相对论之前，经过了数十年的学习和研究，积累了大量的知识和经验。正是这些沉淀和积累，让他有了突破性的发现。再比如，著名的画家达·芬奇。他的画作之所以流传千古，是因为他每一幅画都经过长时间的构思和打磨。他曾经说过："简单是终极的复杂。"这句话也体现了沉淀和积累的重要性。

无论是酿酒还是人生，都需要经过长时间的沉淀和积累，才能收获最甜美的果实。只有用心去感受、去体验、去积累，我们才能在人生的道路上走得更远、更稳。

图5.1.4　窖泥由新到陈

任务二　上甑蒸酒

知识目标：了解酒精的挥发性以及蒸馏在提取酒精和香味成分中的作用，理解固态蒸馏装置（如甑桶）的工作原理。

　　　　熟悉上甑蒸酒的工艺流程：包括酒醅的准备、上甑操作、蒸馏过程控制等步骤。

能力目标：熟练掌握上甑蒸酒的操作流程，包括酒醅的拌料、上甑、蒸馏等步骤。

　　　　培养学生的团队协作能力和沟通能力，保证学生在团队中能够与他人有效沟通，共同完成上甑蒸酒的任务。

素养目标：培养学生严谨的工作态度、认真负责的职业精神以及安全生产意识。

　　　　培养学生实事求是、尊重科学、勇于探索的科学精神，理解蒸馏技术在酿酒工业中的重要作用。

一、任务导入

　　由于酒精具有很强的挥发性，小陈在面对出窖后的糟醅时闻到了阵阵酒香，美酒蕴藏在这一堆又一堆的糟醅当中。把美酒从糟醅中提取出来的最有效方法便是蒸馏，而酒厂中最常见的蒸馏仪器便是甑桶。小陈在王师傅的带领下来到了上甑区域……

二、任务分析

（一）出窖的工具

1. 甑桶

　　甑桶是酱酒生产中的固态蒸馏装置（见图 5.2.1），用于提取糟醅中的酒精和其他香气成分，对白酒的口感和风味有重要影响。其结构通常包括桶身、甑盖和底锅，整体呈锥台形，上口直径约 2 m，底口直径约 1.8 m，高约 1 m。

图 5.2.1　蒸馏冷凝装置

2. 簸箕

簸箕（见图 5.2.2）通常是由藤条或去皮的柳条、竹篾编织而成，这种簸箕在控制酒醅的厚薄、轻重以及转角方向上相比铁锹等工具更为灵活。操作时，酿酒师傅需要运用一系列复杂而连贯的动作，这些动作不仅需要技巧，而且要求一气呵成。

3. 摘酒桶

摘酒桶（见图 5.2.3）又称接酒器或接酒瓢，是酿酒过程中用于接取酒液的重要工具。在白酒酿造过程中，当酒蒸汽通过蒸馏设备上升时，它们会被冷凝并转化为液态酒，这时就需要摘酒桶来收集和导出这些酒液。

图 5.2.2　簸箕

图 5.2.3　摘酒桶

4. 扫把

用于打扫甑桶周围糟醅，保持车间卫生。

（二）上甑技术原则

上甑是酿酒过程中一个极其关键且技术要求较高的环节，它要求操作者既要有丰富的经验，又要掌握一定的技巧。

上甑前，酿酒师需要对酒醅进行充分的准备，包括拌料均匀、保持糟醅一定温度和湿度等。

在上甑过程中遵循"松、轻、薄、准、匀、平"的六字原则。具体来说，就是要确保糟醅在甑中疏松，装甑动作要轻快，上汽要均匀，糟醅的铺设不宜过厚，要薄而均匀，盖料时要准确，确保甑内糟醅平整。这样有利于蒸汽在甑内均匀上升，充分与糟醅接触，提取出更多的酒精和香味成分。此外，上甑过程中，酿酒师还需注意"见湿盖料"和"见气盖料"的操作技巧。

上甑完成后，还需要注意插好馏酒管，盖上甑盖，并在盖内倒入适量的水。蒸馏过程中，要保持缓汽蒸馏，大气追尾，控制好冷却水的温度，以确保蒸馏出的酒品质优良。

（三）在蒸酒过程当中的关键控制点

在蒸酒过程中，需要进行多方面的控制以确保酒的质量和口感。以下是一些关键的控制点：

1. 火候控制

火候的控制是蒸酒过程中的重要环节。开始时，应用大火迅速烧开锅炉水，使糟醅在短时间内达到适当的温度。随后，在出酒稳定后，应改用中火或稳火进行蒸馏，以获取理想的商品酒。在蒸馏的最后阶段，为了蒸出高沸点物质，应再次改用大火。

2. 蒸馏温度控制

温度是影响酒质的关键因素。在蒸馏过程中，需要控制酒醅的温度，避免温度过高导致氧化、酸败和失稳。

3. 蒸气压控制

蒸馏过程中，可以通过控制蒸馏的蒸气压来控制蒸馏时间。通常是采用缓气蒸馏的方式，以稳定地提取酒中的香气和风味物质。

4. 出酒温度控制

出酒时的温度控制也非常重要。低温接酒是理想的，即出酒温度与室温持平。过高的出酒温度会导致酒精和芳香物质的挥发，影响酒的口感和品质。

（四）蒸酒时间

酱香型白酒的蒸酒时间确实因酿造工艺和酒厂操作习惯的不同而有所差异。但一般而言，蒸酒的时间范围为3~8 h。

83

三、任务实施

（一）实训内容

1. 分组

将班级学生分组，6名学生一组，轮值安排生成组长。

2. 操作步骤

（1）学生进行全身卫生消毒，保持自身清洁；调整室内操作环境的温度、湿度等。

（2）每一组学生指定一堆糟醅。

（3）领取工具、器件，填写小组任务分配表（见表5.2.1）。

表 5.2.1　小组任务分配表

第　　组	姓名	分工
组长		
组员		
组员		
组员		
组员		
组员		

（4）6名学生一同将封窖泥挖开，打扫发酵糟表面，清除盖糟和泥块。

（5）等待行车师傅挖取糟醅，3名学生用扫把打扫抓斗表面。

（6）抓斗移开窖池上方后，剩下的3名学生用耙梳将窖池内糟醅整理平坦。

（7）3名学生取适量糠麸均匀撒在糟醅表面，3名学生进行拌和，直到拌和均匀为止。

在掌握了上甑蒸酒的理论知识后，小陈在师傅的带领下，开始练习……

（二）实施步骤

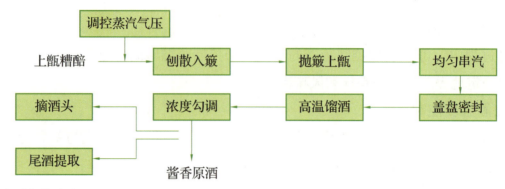

1. 调控蒸汽气压

开始阶段，根据糟醅的特性和所需的处理程度，精准地调控蒸汽气压。这一步是为了确保原料在后续的处理过程中能够均匀受热，达到最佳的蒸煮效果。

2. 刨散入簸

抛散过程要确保原料均匀分散，以便在后续的搅拌过程中能够更好地混合。

3. 抛簸上甑

将抛撒后的糟醅转移到甑中，并继续进行操作。这通常涉及在甑中对原料进行更细致的搅拌和混合，以确保原料在后续的加热和蒸馏过程中能够均匀受热和反应。

4. 均匀串汽

在加热的过程中，确保蒸汽能够均匀地穿透糟醅层。这有助于糟醅中的可挥发成分在加热过程中更充分地释放出来。

5. 盖盘密封

蒸馏完成后，将得到的液体倒入密封罐中。在倒入过程中，需要确保密封罐的盖子紧闭，以防止液体在后续过程中受到污染或挥发。

6. 高温馏酒

将调整好浓度的液体倒入蒸馏器中，进行高温蒸馏。高温蒸馏有助于提取出原料中的酒精和其他挥发性成分，从而得到所需的酒精含量。

7. 浓度勾调

在蒸馏过程中，根据产品的需求，对液体的浓度进行调整。这通常是通过添加适量的水或其他成分来实现的，以确保最终产品的口感和品质。

8. 摘酒头

在蒸馏初期，得到的液体通常含有较多的杂质和不良风味物质，这部分液体被称为"酒头"。在这一步，需要将酒头分离出来，以确保后续得到的产品的质量。

9. 酒尾提取

在蒸馏过程中，接近结束时会得到一些酒精含量较低的液体，这部分液体被称为"酒尾"。酒尾中可能含有一些不良风味物质或杂质，因此需要进行提取和处理。提取后的尾酒可以根据需要进行再利用或处理。

四、考核评价

（一）企业教师对学生实训过程进行点评

企业教师评价表见表 5.2.2。

表 5.2.2　企业教师评价表

序号	评价内容	满分	实得分
1	课前准备充分，实验后桌面整洁，实验器材摆放整齐	10	
2	操作过程准确、熟练	20	
3	实验记录清楚准确	20	
4	通过实验，掌握该节基本理论知识与方法	25	
5	理论联系实践，能将课堂知识应用到实际情境中	25	
总评：			

（二）评价反馈

考核评价表见表 5.2.3。

表 5.2.3　考核评价表

序号	评价项目	评价内容	分值	学生组内互评占 20%	学校教师评价占 40%	企业教师评价占 40%	合计
1	职业素养30分	分工合理，制订计划能力强，严谨认真	5				
		爱岗敬业、安全意识、责任意识、服从意识	5				
		团队合作、交流沟通能力	5				
		遵守行业规范、现场 6S 标准	5				
		主动性强，保质保量完成工作页相关任务	5				
		能采取多样化手段收集信息，解决问题	5				

序号	评价项目	评价内容	分值	学生组内互评占20%	学校教师评价占40%	企业教师评价占40%	合计
2	职业技能60分	准备工作充分	10				
		出窖规范操作	20				
		拌料是否符合标准	20				
		操作过程严肃认真、精益求精	10				
3	知识素养10分	拌料的作用	5				
		出窖的作用	5				
	合计		100				

评价人签名:

时间:

（三）课后习题

1. 你认为过短或者过长的蒸酒时间会对酒质有什么影响呢？

2. 在上甑的过程当中，六个操作原则是什么？

五、拓展延伸

杨延义：甑间匠心，酿酒传奇

在绵延数千年的华夏酿酒史卷中，杨延义的名字如同一颗璀璨的星辰，熠熠生辉。他，一个普通的酿酒工人，却在上甑这一细微而关键的环节中，书写了属于自己的传奇。

上甑是酿酒工艺中一道看似简单却至关重要的工序。杨延义深知其中奥妙，每一次上甑都仿佛在进行一场庄严的仪式。他轻轻捧起酒醅，如同对待珍宝一般，小心翼翼地撒在甑底。那酒醅在他的手中，仿佛拥有了生命，轻盈地跃动着，散发出迷人的芬芳。

在杨延义眼中，上甑不仅是一门技术活，更是一门艺术。他追求的是"轻、松、薄、准、匀、平"的极致境界。每一次上甑，都是他对酿酒艺术的探索和创新。他用心去感受酒醅的温度、湿度和质地，不断调整着自己的手法和力度，确保每一甑都能达到最佳状态。

杨延义的技艺并非一蹴而就，而是经过数十年的辛勤耕耘和不断实践。他深知酿酒的艰辛和不易，因此更加珍惜每一次酿酒的机会。他不断学习新的酿酒技术，尝试将不同的酿酒工艺融合到自己的上甑技艺中，使得自己酿出的酒品更加优质、独特。

在一次次的比赛中，杨延义凭借自己高超的上甑技艺和深厚的酿酒知识，屡获殊荣。他的荣誉和奖项不仅是对他技艺的认可，更是对他匠心精神的赞扬。然而，对于杨延义来说，这些荣誉和奖项只是他酿酒之路上的点缀，他更看重的是自己酿出的每一滴酒能否得到消费者的认可和喜爱。

如今，杨延义已经成为酿酒行业中的一位传奇人物。他的上甑技艺和酿酒知识不仅传承给了自己的徒弟们，也激励着更多的酿酒师们不断追求卓越。在他的带领下，酿酒行业不断向前发展，为消费者带来了更多优质的美酒。

杨延义与上甑的故事是一首动人的赞歌。他用自己的双手和智慧，书写了一段关于传承、创新和追求卓越的传奇。他的故事将永远激励着后人，在酿酒的道路上不断前行。

任务三　蒸馏取酒

知识目标： 掌握蒸馏取酒的基本原理、流程以及注意事项。

认识蒸馏取酒的设施设备。

能力目标： 能够独立完成分段取酒过程，掐"头"去"尾"得到原酒。

根据不同情况，能够合理调整蒸馏取酒的参数。

素养目标： 培养持续学习和创新的精神，关注蒸馏酒领域的最新动态和技术进展。

遵守相关法律法规和行业规范，确保蒸馏取酒过程的规范、卫生和安全。

一、任务描述

蒸馏和取酒是酱酒酿造过程中的两个重要环节，也是酒液形成的关键步骤。在这个过程中，首先需要利用蒸汽将发酵产生的酒精和香味物质蒸发，然后冷却成液体，达到将酒精和香味物质从酒醅中分离的目的。其次，由于蒸馏过程中不同时段馏出的酒液其酒度和酒质不同，因此需要根据实际情况进行分段取酒。在本次任务中，小陈将跟随师傅一起学习蒸馏取酒的要领与技巧。

二、任务分析

白酒行业中有这样一句话"生香靠发酵，提香靠蒸馏，摘出好酒看摘酒工。"由此可见，蒸馏和取酒是酱香型白酒生产的两个非常重要的环节。下面将详细介绍蒸馏和取酒的原理、所用设备仪器以及操作流程。

（一）蒸馏的原理

蒸馏是利用组分挥发性的不同，分离液态混合物的单元操作。在酱香型白酒生产中，将乙醇和其伴生的香味成分从固态发酵酒醅中分离浓缩，得到白酒所需要的含众多微量香味成分及酒精的单元操作称为蒸馏。酒醅中的酯类物质沸点低、易提取；高级醇及酸类物质是高沸点物质，不易提取，蒸馏时必须高温高压才能提取（这里注意，不是单纯升高水温，同时需要升高气压，控制合适的馏酒速度才能真正起到高温馏酒的作用）。

蒸馏过程中需要掌握好火候，控制馏酒温度（35~45℃）、馏酒速度（每 5~6 min 流出 20 kg 左右酒液）、蒸馏气压（控制在 0.04 MPa 以下）和蒸馏时间（大约 20 min），以确保酒的品质稳定，高温馏酒能否保证白酒质量取决于上甑整过程的操作及蒸馏技术。气压表如图 5.3.1 所示。

图 5.3.1　气压表

（二）分段取酒

酱香型白酒取酒一般分为三段："头""身"和"尾"，中间所取的部分作为基酒，酒头、酒尾不作为基酒，也就是"掐头去尾，中间取酒"。酒头、酒尾也有多种用途。

头段：最早流出来的酒被称为"酒头"，酒体浑浊，度数较高，达到 70~80 度；香味浓、冲，口感燥辣，劲大，但醛类物质较多，有害人体健康，一般会舍去。

中段：中间段流出的酒称为"酒身"，酒精度适中，在 50~60 度，酒体清澈透明，此时乙醇分子和水的融合程度最好，酒中酸、酯、醇、醛类物质比例适中，香味协调，口感最好，且这个阶段有害物质含量最低，是整个馏酒过程中品质最优的部分，为原酒之精华。

后段：最后流出的酒称为"酒尾"，酒尾度数低，在 40~50 度以下，酒体浑浊，酸和醇油的含量高，香味淡薄，口感寡淡、酸涩带苦，邪杂味大，应该单独接出存放。

在取酒过程中，酒头和酒尾的酒液含有较多的杂质和异味，不适合直接饮用，因此在蒸馏过程中需要掐"头"去"尾"，取中间。一般投粮 100 kg 掐头在 1~1.5 斤[①]为宜，而当酒度低于 50 度时开始接尾酒，为了节约能源，馏出的尾酒低于酒度 10 度时就可以停止蒸馏取酒了。酒头含香味物质较多，可作为调味酒或重新发酵；酒尾中除含有一部分酒精外，还存留各种香气成分，因此酒尾也可加以利用：酒尾选择适宜的馏分可用作调味酒；可将酒尾洒回窖池进行回酒发酵；酒尾可加到本轮的最后一甑中进行串蒸，提高出酒率；酒尾与黄水加曲可制做出优质酒培养液。

---

① 1 斤 =500 g。

（三）看花摘酒

在取酒时，随着蒸馏温度不断升高，馏酒时间逐渐增长，酒精浓度由高逐渐变低，而将流出的酒液按酒精含量和品质进行分段取酒的操作工艺称为量质摘酒，简称摘酒。白酒界有这样一句话"生香靠发酵，提香靠蒸馏，摘出好酒靠摘酒工"，由此可见，量质摘酒工艺的重要性。新手摘酒时需要根据投粮量计算掐去多少头酒，同时借助酒度计测量酒度，判断什么时候开始接尾酒，而技艺精湛的摘酒工只需要"看花摘酒"（见图5.3.2），即将蒸馏出的酒接入器皿，看激起酒花的状态就能完成分段取酒，取最精华的原酒成就佳酿。

图 5.3.2　看花摘酒

酒花：白酒蒸馏过程中，蒸馏液流入锡壶中，水、酒精以及酒液中的一些其他成分由于表面张力的作用而激溅起的气泡，称为酒花。

蒸馏出来的原酒的质量是随蒸馏时间发生变化的，由于酒度和酒液中其他一些成分的种类与含量不同，酒的表面张力也有所不同，所以不同时段流出的白酒因起泡性能的差异，产生的酒花的形态大小与滞留长短也不同。

按照形态大小与滞留时间的长短，酒花目前分为5种：

大清花：黄豆般大小，大小均匀，消失掉很快，酒精浓度在60~70度。

小清花：绿豆般大小，消失速度比大清花稍慢，酒精浓度在50~60度。

云花：米粒般大小，多层重叠，存留约2 min，酒精浓度在40~50度。

二花：又称小花，米粒般大小，只是大小不一，大的话如大米，小的话如小米，存留时间与云花相近，酒度在15~40度。

油花：像油倒出的泡沫一样细而密，是由高级脂肪酸形成的油珠，酒精浓度在4~5度。

酒头酒花偏大，散得很快；酒身酒花均匀饱满，消散得慢；酒尾酒花偏细、偏小，散得慢。除了在摘酒时可以通过看酒花分段摘酒，在白酒品评中，也可以通过摇晃酒瓶或倒入酒杯产生的酒花辨别一款白酒的度数与品质，即所谓的"观花量度"。

三、任务实施

原料准备：取出完成发酵的酒醅（酒糟），准备进行上甑蒸馏。这些酒醅中已经产生了丰富的酒精和香味物质。上甑蒸馏是中国古老的传统酿酒方法之一，它能够提取发酵产生的酒液，使酿酒过程更加高效。上甑的主要步骤：

（1）准备酒醅：将经过发酵的酒醅准备好，确保其符合酿酒的要求。

（2）准备蒸馏设备：酒醅被放入蒸馏锅中，这个蒸馏设备通常是特制的，能够确保酒精和香味物质在蒸馏过程中得到有效分离（见图 5.3.3）。

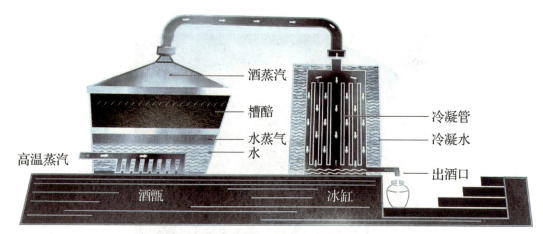

图 5.3.3　蒸馏冷凝装置示意

90

四、考核评价

（一）企业教师对学生进行点评

企业教师评价表见表 5.3.1。

表 5.3.1　企业教师评价表

序号	评价内容	满分	实得分
1	课前准备充分，实验后桌面整洁，实验器材摆放整齐	10	
2	操作过程准确、熟练	20	
3	实验记录清楚准确	20	
4	通过实验，掌握该节基本理论知识与方法	25	
5	理论联系实践，能将课堂知识应用到实际情境中	25	
总评：			

（二）评价反馈

考核评价表见表 5.3.2。

表 5.3.2　考核评价表

序号	评价项目	评价内容	分值	学生组内互评占 20%	学校教师评价占 40%	企业教师评价占 40%	合计
1	职业素养 30分	分工合理，制订计划能力强，严谨认真	5				
		爱岗敬业、安全意识、责任意识、服从意识	5				
		团队合作、交流沟通能力	5				
		遵守行业规范、现场 6S 标准	5				
		主动性强，保质保量完成工作页相关任务	5				
		能采取多样化手段收集信息，解决问题	5				
2	职业技能 60分	准备工作充分	10				
		合理调整蒸汽大小和冷凝温度	20				
		独立完成分段取酒操作	20				
		操作过程严肃认真、精益求精	10				
3	知识素养 10分	说出蒸馏取酒的原理	5				
		描述五种酒花的特征	5				
	合计		100				

评价人签名：

时间：

（三）课后习题

1. 请用文字概述蒸馏取酒的操作流程。

2. 请用文字概述三段酒的特点。

五、拓展延伸

蒸馏取酒容易发生的事故

　　中国白酒与法国的白兰地、俄罗斯的伏特加、英格兰的威士忌、起源于西印度地区的朗姆酒、荷兰的金酒并称为世界六大蒸馏酒。其中，中国的白酒历史最久远，在世界蒸馏酒史上有不可动摇的鼻祖地位。

就蒸馏技术而言，早在秦汉时期，随着炼丹技术的不断发展，经过长期的摸索，炼丹术积累了不少物质分离、提炼的方法，创造了包括蒸馏器具在内的各种设备。因此，中国是世界上第一个发明蒸馏技术和蒸馏酒的国家。

随着现代酿酒设施设备的不断更新换代，蒸馏取酒（见图5.3.4）设备也在不断升级，蒸馏取酒技术越来越成熟，但在白酒实际生产过程中如果蒸馏取酒操作不当可能会出现以下问题：

（一）淤锅

底锅水冲入甑内。发生的原因是底锅水不干净（串黄水），底锅水过多或蒸汽过大等，这些现象没有及时处理，水往甑内糟醅上冒。若发生这种现象就得停止蒸馏，出甑后加上足够的辅料再次上甑蒸馏。

（二）坠甑（梭锅）

在上甑时，甑子手柄没有关到位或上甑时不小心绊倒，如果甑内糟醅不多就要把糟醅铲出来，关好甑篦后再重新上甑。出甑时如果行车工操作不当，甑内糟醅落在锅内就会造成这一甑糟醅水分过重。

（三）打炮：内打炮和外打炮

1. 外打炮是指蒸汽从甑子与锅圈从外面冲出，主要原因有：

（1）甑槽没有整理好；

（2）蒸汽过大；

（3）上甑糟醅水分重，糟醅阻力大；

（4）上甑糟醅厚压。

2. 内打炮是指甑内气压冲穿糟醅，主要原因有：

（1）糟醅水分大，辅料投放少，上甑时不细心，下手重；

（2）气压控制差，突然增大或突然减小。

打泡现象在蒸馏取酒的第3~6次最容易发生。内、外打泡在取酒时对酒损失都大，在蒸煮糊化时影响糊化，还容易伤人。

图 5.3.4　蒸馏取酒

任务四　检测分级

知识目标：了解白酒食品安全、理化指标、感官要求的相关国家标准；学习原酒分级的依据与方法，能够说出 63 种类型的原酒是如何得出的。

能力目标：能够熟练使用酒度计检测白酒度数，能够通过滴定法检测白酒总酸、总酯数值；尝试尝评原酒，并对原酒进行综合评价后分级。

素养目标：树立食品安全意识，在生产中严格质量把控，形成精益求精的匠人精神。

一、任务导入

在师傅的指导下，小陈和车间的工人们一起完成了上甑和蒸馏取酒。看见源源不断流出的白酒，闻到空气中浓郁的酒香味，小陈由衷地发出感叹："原来酱香型白酒就是这样生产出来的呀！"小陈的内心成就感满满。

"现在蒸馏出的酒液是原浆酒，也叫原酒，不同轮次、同轮次窖池中的不同层次蒸馏出来酒液的酒度、风味和品质都有差异，因此原酒还要经过检测分级、储存、勾调后才能成为成品酱香型白酒"，师傅在一旁说道。

如何对白酒进行定型分级？

在本轮任务中，小陈需要了解白酒的相关国家标准，尝试通过"一闻、二看、三品"将不同轮次原酒分型定级。

二、任务分析

（一）酱香型白酒国家标准

2024 年 5 月 28 日，由全国白酒标准化技术委员会归口的 GB/T 10781.4—2024《白酒质量要求 第 4 部分：酱香型白酒》国家标准正式发布，本标准代替了 GB/T 26760—2011，实施日期为 2025 年 6 月 1 日。酱香型白酒质量要求如表 5.4.1 所示。

表 5.4.1　酱香型白酒质量要求

项目		优级	一级
酒精度 ^{a}（20℃）/（%vol）		35.0~58.0	
固形物 /（g·L^{-1}）		≤ 0.70	
总酸 ^{b}/（g·L^{-1}）	产生自生产日期小于或等于一年执行的指标	≥ 1.50	≥ 1.40
总酯 ^{b}/（g·L^{-1}）		≥ 2.50	≥ 2.00
己酸乙酯 /（g·L^{-1}）		≤ 0.30	
酸酯总量 ^{b}/（mmol·L^{-1}）	产生自生产日期大于一年执行的指标	≥ 60.0	≥ 50.0

^{a} 酒精度实测值与标签标示值允许差为 ±1.0%vol。
^{b} 按 53.0%vol 酒精度折算

（二）分型定级

基酒的分型定级，就是将七个轮次的原酒经感官鉴定后分为醇甜型、酱香型和窖底香型，此为分型；而后再根据酒质进行等级划分，从高到低可以分为：优级、一级、二级，此为定级，分型定级结果记录后存档备查。

在白酒生产中会同一个生产周期的轮次酒分类，每个轮次一一对应，不能混淆，即所有的第一轮次酒为一类，第二轮次酒为一类，总共七个轮次。根据每一轮次酒应有的典型特征，针对所取酒样，通过闻香和口感进行感官品评，客观描述其风味特征及主要优缺点，综合评价，对每一轮次酒进行分型定级（见表 5.4.2）。

表 5.4.2　不同层次发酵糟蒸馏酒的口感

酒样名称	酒质口感评语
上层糟的酒	酱香突出，微带曲香，稍杂，风格好
中层糟的酒	具有浓厚香气，略带酱香，入口绵甜
下层糟的酒	窖香浓郁，并带有明显的酱香

1. 七个轮次酒

酱香型基酒按轮次分为一轮次、一轮次、三轮次、四轮次、五轮次、六轮次、七轮次。七轮次取酒是指酱香酒在酿造过程中需要经过七次蒸馏，每轮蒸馏出的酒称为一个轮酒，每一轮次所对应生产工艺、时间均不相同，所馏出酒所含酸、酯、醇、醛等微量成分也不一致，进而形成不同风格特征的轮次酒。一轮次酒又称"糙沙酒"，酒体甜味好，但味冲，生涩味和酸味重；二轮次酒又称"回沙酒"，风味与一轮次相似，且口感酸涩，但较一轮次稍显柔和；三轮次至五轮次酒都叫"大回酒"，酒体酒香浓、味醇、酒体较丰满；六轮次酒又称"小回酒"，醇和、糊香好、味长；7 轮次酒又称"追糟酒"，醇和、有焦香，但微苦，糟味较大。

2. 三种典型体

酱香基酒按香味特征分为酱香、醇甜、窖底香三种典型体，酱香型白酒因其酒醅在窖池内不同位置（上、中、下）所对应原辅料配比、微生物种类、含氧量、水分、发酵温度、接触介质等多因素之间差异性而形成了"上层酱香、中层醇甜、下层窖底"三种典型体，窖面"酱香"典型体风格为酱香突出、口感细腻、余香悠长、略涩、空杯留香持久；窖中"醇甜"典型体风格为酱香气味，但入口醇甜、后味爽净；"窖底"典型体风格为酱香明显、浓厚丰满、稍暴辣、后味欠爽。不同层次发酵糟如图5.4.1所示。

3. 三种等级

酱香基酒按酒质分为优级、一级、二级，三种等级是针对因产区、窖池、气候、水源、工艺等差异所形成的不同风格特征原酒进行质量等级划分，各酒企主要以酒体感官特征和理化指标为质量等级判定依据。三种酒体颜色上无色或微黄，清亮透明，无悬浮物，无沉淀。优级香气

图 5.4.1　不同层次发酵糟

上，酱香突出、香气幽雅、空杯留香持久，口味上酒体醇和、丰满、诸味协调、回味悠长；一级香气上酱香较突出、香气舒适、空杯留香较长，口味上酒体醇和、协调、回味长；二级香气上酱香明显、有空杯香，口味上酒体较醇和、协调、回味较长。

三、任务实施

在掌握了分型定级的理论知识后，小陈在王师傅的带领下开始练习。

（一）实训内容

通过"一闻、二看、三品"，对三种单型酒做出评价（见表5.4.3）。

表 5.4.3　单型酒评价表

酒样	评价
酱香型	
醇甜型	
窖底香型	

四、任务评价

（一）企业教师对学生进行点评

企业教师评价表见表 5.4.4。

表 5.4.4　企业教师评价表

序号	评价内容	满分	实得分
1	课前准备充分，实验后桌面整洁，实验器材摆放整齐	10	
2	操作过程准确、熟练	20	
3	实验记录清楚准确	20	
4	通过实验，掌握该节基本理论知识与方法	25	
5	理论联系实践，能将课堂知识应用到实际情境中	25	
总评：			

（二）评价反馈

考核评价表见表 5.4.5。

表 5.4.5　考核评价表

序号	评价项目	评价内容	分值	学生组内互评占 20%	学校教师评价占 40%	企业教师评价占 40%	合计
1	职业素养 30 分	分工合理，制订计划能力强，严谨认真	5				
		爱岗敬业、安全意识、责任意识、服从意识	5				
		团队合作、交流沟通能力	5				
		遵守行业规范、现场 6S 标准	5				
		主动性强，保质保量完成工作页相关任务	5				
		能采取多样化手段收集信息，解决问题	5				
2	职业技能 60 分	了解酱香型白酒的国家标准	10				
		学会"一闻、二看、三品"的尝评方法	20				
		能将原酒进行分型定级	20				
		操作过程严肃认真、精益求精	10				
3	知识素养 10 分	正面积极的职业心态和正确的职业价值观意识	5				
		创新性思维和行动	5				
	合计		100				
评价人签名：							
时间：							

（三）课后习题

1.酱香型白酒的国家标准中，达到优级的标准是什么？

2.63种基酒类型是怎样得到的？请简要概述。

五、拓展延伸

白酒中常见有害物质处理

在白酒生产中，可能会产生一些有害杂质，有些是原料带入的，有些是在酿造过程中产生的，对于这些有害物质，必须采取措施来降低它们在白酒中的含量。

（1）杂醇油：是酒的芳香成分之一，但含量过高，对人体有毒害作用，它会刺激脑部血管收缩，进而引起大脑缺血缺氧，并引发头痛，也就是人们常说的"上头"。杂醇油的沸点一般高于乙醇，所以在蒸馏中需要控制温度，掐头去尾。

（2）氰化物：特指带有氰基（—CN）的化合物，为剧毒物质。以木薯类为原料酿造的酒，因含有氰苷类，在生产过程中会水解成氰酸，大部分氰酸在蒸馏过程中会挥发，但也有少量残留在酒中，形成氰化物。在酿酒中含有氰苷类的作物尽量不用作酿酒原料，或者对酿酒原料先进行清蒸再晒干，并在清蒸过程中多排气，或使氰化物溶出或者挥发。

（3）铅：一种毒性很强的重金属，摄入量为0.04 g时就能引起急性中毒，20 g可以导致人体死亡。酿酒过程中容器可能有微量铅的析出，如蒸馏器、冷凝器、导管和贮酒容器中的铅经溶蚀而带入。部分酿酒原料铅含量较高也会提高白酒中铅的含量。因此，酿酒厂需要换掉老式含铅管道，杜绝管道容器等导致的铅污染；酿酒用水经过净化处理后再使用；严格控制粮食原料的铅含量（使用无污染的酿酒原料）；严格控制包装材料的铅含量；对于铅含量过高的白酒，需要使用石膏进行脱铅处理。

（4）甲醇：具有毒性，工业酒精中大约含有4%的甲醇，饮用后会导致甲醇中毒，严重者会失明，乃至丧命。白酒中甲醇的主要来源有两个：一是原料中果胶质受热分解产生甲醇；二是由于糖化酶中的果胶酶将果胶分解产生甲醇。因此酿酒时应选择果胶质较少的原料酿酒；严格控制头酒中甲醇的含量；注意窖池中微生物的培养，使之少产生甲醇。若甲醇过量，则采用化学方法减少含量。

（5）塑化剂：又叫增塑剂。塑化剂的品种多样，而现今白酒中的塑化剂是指邻苯二甲酸酯类，常见的有6种（DEHP、DBP、BBT、DINP、DNOP、DIPP）。某些塑化剂的分子结构类似荷尔蒙，被称为"环境荷尔蒙"，若长期食用可能引起生殖系统异常，甚至会有造成畸胎、癌症的危险。白酒产品中的塑化剂属于特定迁移，主要源于塑料接酒桶、塑料输酒管、酒泵进出乳胶管、封酒缸塑料布等，融进白酒产品塑化剂最高值是酒泵进出乳胶管。酿酒过程中替换塑料、橡胶管道就可将塑化剂含量降到很低。在酿酒生产、包装过程中杜绝白酒直接接触塑料制品。

（6）农药残留：是农药使用后一定时期内没有被分解而残留于生物体、收获物、土壤、水体、大气中的微量农药原体、有毒代谢物、降解物和杂质的总称。白酒中的农残与酿酒原料息息相关，白酒中的农残主要来自高粱、小麦、大米等原料，酿酒原料的农药施用过度会导致酿酒原料农药残留量偏高，进而会带入成品酒。在酿酒原料保存过程中的不合理用药操作也会导致农药残留。企业应该购买绿色酿酒原料，并要求粮食生产单位严格控制施药浓度和次数，酿酒原料保存过程中严格按标准操作，酿酒原料保存时间不宜超过一年。

模块六

"存"——酱酒储存

常言道，酱香型白酒三分靠酿造，七分靠储存。新酿造出来的白酒中，乙醇、乙酯的含量微乎其微，而醛、酸则含量相对较多，它们不仅没有香味，还有刺喉感。所以新酿造的白酒喝起来生、苦、涩，需要经过几个月至几年的自然窖藏陈酿过程，才能消除杂味，散发浓郁的酒香。

白酒在历经多年储存后会更加醇美，越久越浓厚，越久越香醇，价值也会越来越高。专家们把储存达二十年以上的好酒比作"液体黄金"。在储存白酒时，储存容器材料的优良与否与白酒储存后的质量密切相关。酒在不同的容器中储存，变化不相同，从而影响着酒的风格。

本模块从酱酒储存要求、容器选择、储存管理三个角度，对酱酒的储存进行全面介绍。

任务一　储存要求

知识目标：能够熟练阐述储存环境、储存容器、储存时间的要求。

能力目标：能独立完成储存环节工作。

能够制定并完成酱酒储存方案。

素养目标：具备在酱香型白酒储存环节解决突发事故的能力。

一、任务导入

小陈在王师傅带领下亲身经历了酱酒的整个酿造过程后，觉得自己已经掌握了酱酒的整个生产过程，但是王师傅告诉他，酱酒的生产周期其实还没有完成，因此小陈对下一步充满好奇，在王师傅的带领下继续探索学习。

刚蒸出来的白酒，具有辛辣刺激感，并含有某些硫化物气体和不愉快的气味。因此，经发酵、蒸馏而得的新酒必须经过一段时间的储存，才能使新酒内的刺激性和辛辣感明显减轻，口味变得醇和、柔顺，香气风味得以改善，这一过程也称为老熟或陈酿。

二、任务分析

酱酒储存在酱香型白酒生产周期中具有重要作用，做好酱酒的储存工作需要有扎实的理论功底，并对酱酒储存环境、储存容器和储存时间的要求十分严格。

（一）储存环境的要求

对于白酒来说，储存环境会直接影响白酒的质量和口感。

（1）温度：酱酒应储存在温度相对稳定的环境中，最适宜的温度范围为5~25℃。储存温度过高或过低都会对酒的质量和口感产生不良影响。

（2）湿度：储存环境的湿度应保持在50%~70%，且湿度波动要尽可能小。

（3）光照：酱酒应存放在阴凉、通风且避免阳光直射的地方，阳光中的紫外线会破坏酒的质量和色泽。

（4）震动：频繁的震动可能会对酱酒的品质产生不良影响，因此应避免将酒存放在震动较大的地方，如靠近机器设备或交通工具等。

（5）通风：酱酒储存环境应该保持通风良好，新鲜空气的流通可以有效降低室内的湿度，使其维持在一个相对稳定的状态，从而保障白酒的质量。

（二）储存容器的要求

储存容器对酱酒储存期间的品质和口感也有很大影响，一般储存容器有陶坛、瓷瓶、玻璃瓶和不锈钢罐等。

（1）透光性：储存容器必须具备不透明性，长时间经过阳光直射会使白酒品质改变，影响口感。

（2）密封性：储存容器应气密性较好，具备一定的密封性，以防止跑酒。

（3）耐受性：储存容器应该具有耐冷耐热的特性，防止因温度变化而造成的损坏。

（三）储存时间的要求

酱酒是一种风味物质极其丰富的白酒，通常需要长时间的储存才能达到最佳口感。

一般来说，酱酒的储存时间越长，其品质和口感也越好。但是，过长的储存时间也有可能导致酒的质量下降，因此应根据具体情况来确定最佳的储存时间。不同储存年份原酒如图6.1.1所示。

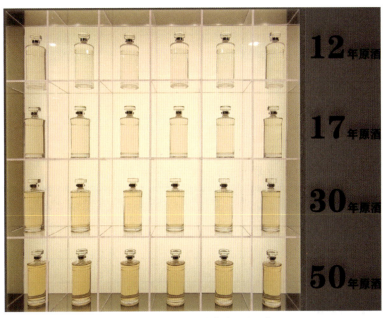

图 6.1.1　不同储存年份原酒

三、任务实施

按照下列要求，分小组进入车间进行酱酒储存操作。

（1）学生进入储酒区域之前对自身除静电，并关闭手机或将其设置为飞行模式。

（2）将学生分为4~6人一组，领取实验材料与工具，填写小组任务分配表（见表6.1.1）。

表 6.1.1　小组任务分配表

第　　组	姓名	分工
组长		
组员		
组员		
组员		
组员		
组员		

请按照表 6.1.2~ 表 6.1.5 对相关内容进行记录。

（一）储存环境记录

储存环境记录见表6.1.2。

模块六

『存』——酱酒储存

表 6.1.2　储存环境记录

项目	情况记录	备注
温度		
湿度		
光照		
震动		
通风		

（二）储存容器记录

储存容器记录见表 6.1.3。

表 6.1.3　储存容器记录

项目	情况记录	备注
透光性		
密封性		
耐受性		

（三）储存时间记录

储存时间记录见表 6.1.4。

表 6.1.4　储存时间记录

储存时间	情况记录	备注
1		
2		
3		
4		
5		

（备注：可以半年为一周期进行记录）

（四）质量检测

质量检测见表 6.1.5。

表 6.1.5　质量检测

分析项目	情况记录	是否达标
温度		
湿度		
光照		
震动		
通风		

分析项目	情况记录	是否达标
透光性		
密封性		
耐受性		
储存时间 1		
储存时间 2		
储存时间 3		

四、考核评价

（一）企业教师对学生实训过程进行点评

企业教师评价表见表 6.1.6。

表 6.1.6　企业教师评价表

序号	评价内容	满分	实得分
1	课前准备充分，实验后桌面整洁，实验器材摆放整齐	10	
2	操作过程准确、熟练	20	
3	实验记录清楚准确	20	
4	通过实验，掌握该节基本理论知识与方法	25	
5	理论联系实践，能将课堂知识应用到实际情境中	25	
总评：			

（二）评价反馈

考核评价表见表 6.1.7。

表 6.1.7　考核评价表

序号	评价项目	评价内容	分值	学生组内互评占 20%	学校教师评价占 40%	企业教师评价占 40%	合计
1	职业素养30分	分工合理，制订计划能力强，严谨认真	5				
		爱岗敬业、安全意识、责任意识、服从意识	5				
		团队合作、交流沟通能力	5				
		遵守行业规范、现场 6S 标准	5				
		主动性强，保质保量完成工作页相关任务	5				
		能采取多样化手段收集信息，解决问题	5				

103

模块六

『存』——酱酒储存

序号	评价项目	评价内容	分值	学生组内互评占20%	学校教师评价占40%	企业教师评价占40%	合计
2	职业技能60分	准备工作充分	10				
		酱酒储存操作标准	20				
		突发事件处理得当	20				
		操作过程严肃认真、精益求精	10				
3	知识素养10分	解释酱酒老熟的原理	5				
		酱酒储存的要求	5				
合计			100				

评价人签名：

时间：

（三）课后习题

酱香型白酒的储存对环境主要有哪些要求？

五、拓展延伸

白酒储存和老熟的机理是什么？

白酒作为中国传统的饮品，其独特的口感和香气深受消费者喜爱。然而，你是否知道，白酒在储存过程中会经历一系列复杂的物理和化学变化，这些变化使得白酒逐渐老熟，品质得到提升。今天，我们就来看看白酒储存老熟的机理：

1. 新酒中易挥发性物质的挥发

新蒸馏出来的酒，一般比较燥辣，不醇和，也不绵柔。这主要是因为含有较多的硫化氢、硫醇、硫醚等挥发性硫化物，以及少量的丙烯醛、丁烯醛、游离氨等杂味物质。这些物质与其他沸点接近的成分组成新酒杂味的主体。这些酒杂味成分多为低沸点易挥发物质，自然储存一年，基本消失殆尽。

2. 物理变化

随着储存时间的延长，水和酒精分子之间逐步构成大的分子缔合群。缔合度增加，使酒精分子受到束缚，自由度减少，也就使刺激性减弱，对于人的味觉来说，就会感到柔和。

3. 化学变化

白酒中存在的醇、酸、酯、醛等成分在老熟过程中经过缓慢的氧化、还原、酯化与水解等化学反应相互转化而达到新的平衡，同时有的成分消失或增减，有的成分新产生。这是白酒老熟的主要机理。

（1）酸类的变化。白酒在储存过程中，总酸呈上升趋势。有机酸来源于醇、醛的氧化作用和酯的水解作用。白酒中存在的分子氧很难将高级醇氧化，必须将氧激活为活化中间产物，才能有效将醇氧化为醛，进而氧化为酸。酯类的水解作用是酸含量上升的主要原因。白酒在降度时水的比例增大，促进了酯的水解作用。

（2）酯类的变化。白酒在储存过程中，几乎所有的酯都减少。这充分显示了白酒在储存过程中主要酯类的水解作用是主要的。酯化反应是可逆反应，要提高酯的量，酸和醇必须足够多，平衡才能向产生酯的方向移动；相反，酯和水含量高则出现水解现象，产生酸和醇。低度酒由于含水量大，发生水解的机会大些。

（3）醇类的变化。对于不同香型的酒，其变化趋势不一。浓香型白酒在储存过程中高级醇含量呈上升趋势；对于清香型白酒，高级醇则是先升后降。高级醇的增加主要是酯类的水解产生的，而其含量的减少，则是因酒中的分子氧被激活，醇的氧化作用突出，进而使高级醇含量下降。另外，高级醇含量的降低还与在储存过程中其较高的挥发性有关。

（4）醛类的变化。乙缩醛是重要的香气成分，在储存过程中，可由乙醛和乙醇缩合生成乙缩醛。因而乙缩醛含量上升，乙醛的含量会相应地减少，但这并不表明酒中乙醛的总量就一定减少，因而醇的氧化作用还会生产相应的醛类。

任务二　容器选择

知识目标：储存容器的材质、形状、大小、透气性、密封性及清洁与消毒。

能力目标：熟练掌握储存容器的材质、形状、大小、透气性、密封性及清洁与消毒的具体内容。

素养目标：能准确通过储存容器的材质、形状、大小、透气性、密封性及清洁与消毒等方面进行储存容器的判断和选用。

一、任务导入

小陈已经掌握了酱酒储存老熟的原理，对酱酒储存的要求已经有了深入的了解，接下来就是对酱酒的储存容器进行选择了。酱香型白酒作为中国传统酿造工艺的精粹，其独特的口感和香气深受消费者喜爱。然而，要想保持酱酒的品质和风味，储存容器的选

模块六

「存」——酱酒储存

择至关重要。下面，让我们跟随小陈一起来深入探讨酱酒储存时容器的选择要点。

二、任务分析

酱酒储存容器的选择对于酱酒的储存具有非常重要的作用，需要对其材质、形状、大小、透气性、密封性、清洁与消毒进行综合考量。

（一）容器的材质

1. 陶土容器

陶土容器（如陶坛，见图 6.2.1）具有良好的透气性和密封性，有利于酱酒的呼吸和陈化。同时，陶土的材质对酒液的保温效果也较好，有利于酱酒的长期储存。然而，陶土容器较重且易碎，搬运和存放时需注意。

图 6.2.1　陶坛

2. 不锈钢容器

不锈钢容器（如不锈钢储酒罐，见图 6.2.2）耐腐蚀、密封性好，且对酒液无不良影响。然而，其保温效果相对较差，需要注意储存环境的温度控制。

图 6.2.2　不锈钢储酒罐

3. 玻璃容器

玻璃容器（如玻璃瓶，见图6.2.3）透明度高，便于观察酱酒的变化。但玻璃材质对光敏感，长时间受阳光照射可能导致酒液变质。

图 6.2.3　玻璃瓶

（二）容器的形状和大小

形状：容器的形状应便于酱酒的储存和陈化。一般来说，口小、底大、腹部较大的容器有利于酱酒的呼吸和沉淀。

大小：容器的大小应根据储存量而定。过大的容器可能导致酒液与空气接触面积过大而影响酒质，过小的容器则可能限制酱酒的发展空间。

（三）容器的密封性

良好的密封性是保持酱酒品质的关键。在选择容器时，要确保容器的密封性能良好，避免酒液外泄或空气进入而导致酒质受损。

（四）容器的清洁与消毒

在储存酱香型白酒前，选用的容器应方便进行彻底的清洁和消毒。这有助于消除容器内的杂质和细菌，保证酱酒的品质和卫生。

综上所述，酱酒储存中容器的选择应综合考虑材质、形状、大小、密封性以及清洁消毒等因素。正确选择容器将有助于保持酱酒的品质和风味。

三、任务实施

按照下列要求，分小组进入车间进行容器选择操作。

将学生分为4~6人一组，领取实验材料与工具，填写小组任务分配表（见表6.2.1）。

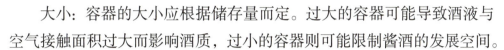

表 6.2.1　小组任务分配表

第　组	姓名	分工
组长		
组员		
组员		
组员		
组员		
组员		

储存容器的选择如表6.2.2所示。

表 6.2.2　储存容器选择记录

项目	选择要求	备注
容器材质		
容器形状		
容器大小		
容器密封性		
容器清洁与消毒		

四、考核评价

（一）企业教师对学生实训过程进行点评

企业教师评价表见表 6.2.3。

表 6.2.3　企业教师评价表

序号	评价内容	满分	实得分
1	课前准备充分，实验后桌面整洁，实验器材摆放整齐	10	
2	操作过程准确、熟练	20	
3	实验记录清楚准确	20	
4	通过实验，掌握该节基本理论知识与方法	25	
5	理论联系实践，能将课堂知识应用到实际情境中	25	
总评:			

（二）评价反馈

考核评价表见表 6.2.4。

表 6.2.4　考核评价表

序号	评价项目	评价内容	分值	学生组内互评占 20%	学校教师评价占 40%	企业教师评价占 40%	合计
1	职业素养 30分	分工合理，制订计划能力强，严谨认真	5				
		爱岗敬业、安全意识、责任意识、服从意识	5				
		团队合作、交流沟通能力	5				
		遵守行业规范、现场 6S 标准	5				
		主动性强，保质保量完成工作页相关任务	5				
		能采取多样化手段收集信息，解决问题	5				

序号	评价项目	评价内容	分值	学生组内互评占20%	学校教师评价占40%	企业教师评价占40%	合计
2	职业技能60分	准备工作充分	10				
		酱酒储存容器选择正确	20				
		容器选择步骤的完整	20				
		操作过程严肃认真、精益求精	10				
3	知识素养10分	容器选择对白酒储存的影响	5				
		容器选择的正确方式	5				
	合计		100				
评价人签名: 时间:							

（三）课后习题

试分析不同材质的白酒储存容器会对酒体有哪些影响?

五、拓展延伸

何为郎酒的"生长养藏"?

从茅台到郎酒的几十公里赤水河河谷,有最为独特的地理自然环境,繁衍了大量的有益酿酒微生物种群,完美契合传统酱香型白酒的酿造与成长,这也形成了这里独特的"酱香"品类酿造秘籍。郎酒的酱香产区就生于此地,尤其郎酒庄园建立后,依托自然优势,郎酒将酱酒"生长养藏"酿造体系做到了极致,然后依托郎酒庄园独特的酿酒体系,不断提升品质,追求极致的品质文化。其整个过程被概括为:生在赤水河、长在天宝峰、养在陶坛库、藏在天宝洞。

"生在赤水河"。郎酒的五个生态酿造区皆临河而建,它们是庄园里最平整的大块区域。赤水河长达千余公里,几乎在 1 000 m 海拔以上蜿蜒,流经二郎滩,却陡然降至 400 余米,突然增大的落差,使得流速变快,增强了自洁力。郎酒取自深山龙洞山泉水,紫色砂页岩地质结构形成的紫色土层,渗水性好,砾石和沙质土含量高,流经水域富含多种对人体有益的矿物质和微量元素,透明无味,pH值适中,硬度小,汇成理想的天然酿酒水源。长期干燥闷热的气候,成全二郎成为天然的酒窖。亚热带的高原气候区,年均气温在 11.3~13.3℃。即使在冬季,这里依旧相对干燥。一入 5 月,这里漫长的夏季能达到 44 ℃的高温天气。郎酒酿酒区四周三山对峙,植被繁茂,降水充沛,一

模块六

『存』——酱酒储存

种独特的湿热静风小气候形成，滋养着酿酒过程中的微生物繁衍。这里的米红粱看上去并不理想，颗粒大小只有东北高粱二分之一，甚至四分之一，且坚实饱满，久嚼不烂，不讨食客喜爱。然而，其耐得住多次蒸煮、禁得起千锤百炼的个性却成为酿酒的不二之选。不仅如此，其富含2%~2.5%的单宁，这是酱酒香气的必要元素。出身决定血统。独特的水、气候和米红粱，决定赤水河畔产出最好的酱酒。

"长在天宝峰"。天宝峰是郎酒的宝山，是庄园内最高的山峰。"长在天宝峰"，意味着生产出的基酒经近千米海拔的托举，在境内离天最近的地方由云霞供养。在天宝峰的"千忆回香谷"和"十里香广场"，不锈钢储酒罐和露天陶坛以两种储酒风格，锤炼着酒的性格。不锈钢更稳，在这个恒定的成长环境中，郎酒人会不时地从罐体的"呼吸阀"，注入空气，搅动，开放原酒的生长。陶坛更柔，它在烧制中形成的微孔网状结构，营造了微氧环境，酱酒存于其中，便有了呼吸的空间。在十里香广场的一年，酒分子、水分子、有益微量元素日益缔合，醇厚柔和了酒体，丰满幽雅了香味。

"养在陶坛库"。继"十里香广场"的露天陶坛库之后，再造金樽堡这个室内陶坛库，是郎酒人品质进阶的追求。露天式确保陶坛酒吸收阳光雨露，云霞气韵，使酒分子加速运动，活跃精灵；室内陶坛则营造了一个稳定的气流环境，供酒分子凝神静养。原酒在如此一动一静之间，可达到阴阳平衡。

"藏在天宝洞"。不是所有的山洞都适合藏酒。大自然偏偏给了郎酒两个冬暖夏凉的天、地宝洞。19~21℃的恒温恒湿的环境，是天然恒定的藏酒环境。洞中，原酒的酒分子挥发至洞壁上，日积月累，凝结成富含400多种微生物的数厘米厚的酒苔。在恒温恒湿的环境和酒苔的作用下，原酒进入此，开始更漫长、更稳定的修炼。

生在赤水河是与生俱来的优势，而长在天宝峰、养在陶坛库、藏在天宝洞都倾力在酱酒最为重要的储藏节点阶段。从原酒储存的天宝峰十里香广场露天陶坛、千忆回香谷的不锈钢罐，到赤水河畔的网红地标的金樽堡陶坛库，再进入全球最大的天然储酒洞天宝洞静养修行。

任务三 储存管理

知识目标：能够记忆储存温度、湿度、光照、通风、摆放方式、摆放位置等控制内容，酒液、密封性、环境等常规检查及防火、防潮、异味源控制等内容。

能力目标：能独立完成酱酒的储存管理工作和常规检查工作；能制定储存过程中遇突发情况时解决问题的初步方案。

素养目标：具备沉着应对突发事件的素养。

一、任务导入

酱酒作为中国传统酒类的重要组成部分，其独特的口感和丰富的文化内涵深受消费者喜爱。酱酒的储存管理对于保持其品质和风味具有至关重要的意义。下面，让我们跟随小陈一起来探索一种科学有效的酱酒储存管理方案，以确保酱酒的品质和风味得以长久保持。

二、任务分析

酱酒的三分酿、七分藏是强调白酒的风味质量，与白酒后期的储存老熟有着很大的关系。酱酒经过较长时间的储存，其质量会变得温润醇厚。在存放过程中，在有效的管理下，酒中的醇类会和有机酸起化学反应，产生多种酯类物质，各种酯类都具有各种特殊的香气。

正确的储存管理是产生一瓶好酒的必要环节和流程，在长时间储存过程中，醇类、酸类和酯类之间逐渐达到平衡，使酒的香气变得协调、丰满。为了保障储存期酱酒的品质和口感，在储存过程中需要注意以下事项：

（1）储存温度控制：酱酒应储存在恒温、阴凉的环境中，建议温度为15~25℃。过高的温度会导致酒精挥发过快，影响酒的口感；过低的温度则可能使酒体变得浑浊。

（2）储存湿度控制：保持适宜的湿度对于酱酒的储存也很重要。一般建议相对湿度为60%~70%，以避免酒瓶干裂或霉变。

（3）储存光照控制：酱酒应避免直接阳光照射，以防止紫外线破坏酒中的有机物质。因此，应将酒放置在阴凉、避光的地方。

（4）储存通风控制：保持储存环境的空气流通，有助于排除潮湿和异味，维持酱酒的品质。

（5）储存摆放方式控制：储存容器应平放储存，防止漏酒。同时，平放还有助于酒液的自然沉降和融合。

（6）储存摆放位置控制：避免振动频繁出现的地方，振动可能会导致酒液泄漏或者容器的破损，频繁的振动还有可能会对酱酒的品质产生不利影响。因此，储存酱酒时应避免放置在经常振动的地方。

（7）定期酒液检查：定期检查酱酒的颜色、透明度和沉淀物情况，以判断酒的品质是否发生变化。如发现酒液浑浊、有异味或沉淀物过多，则应及时处理。

（8）定期密封性检查：检查密封是否干燥、完好，如有破损或干裂应及时更换，以防跑酒。

（9）定期环境检查：定期检查储存环境的温度、湿度、光照和通风情况，确保环境适宜酱酒的储存。

（10）防虫控制：在储存酱酒的环境中，应定期清理杂物，保持环境整洁，防止昆虫滋生。

（11）防火防潮控制：白酒为易燃品，应防止近火源或者热源，同时也需要防潮。

（12）异味源控制：酱酒具有很强的吸附性，容易吸收周围的异味，在储存环境中一定要避免与其他异味强烈的物品同时存放。

通过以上的储存管理方案，为酱酒提供了一个稳定、适宜的存储环境，可以有效保护酱酒的品质和风味，确保酱酒的质量和口感得以长久保持。

三、任务实施

按照下列要求，分小组进入车间进行酱酒储存操作。

将学生分为4~6人一组，领取实验材料与工具，填写小组任务分配表（见表6.3.1）。

表6.3.1　小组任务分配表

第　组	姓名	分工
组长		
组员		
组员		
组员		
组员		
组员		

按要求完成下列分析项目，并填写表 6.3.2。

表 6.3.2　储存管理控制记录表

控制项目	参数控制内容	备注
储存温度		
储存湿度		
储存光照		
储存通风		
储存摆放方式		
储存摆放位置		
定期酒液检查		
定期密封性检查		
定期环境检查		
防虫		
防火防潮		
异味源		

四、考核评价

（一）企业教师对学生进行点评

企业教师评价表见表 6.3.3。

表 6.3.3　企业教师评价表

序号	评价内容	满分	实得分
1	课前准备充分，实验后桌面整洁，实验器材摆放整齐	10	
2	操作过程准确、熟练	20	
3	实验记录清楚准确	20	
4	通过实验，掌握该节基本理论知识与方法	25	
5	理论联系实践，能将课堂知识应用到实际情境中	25	
总评:			

（二）评价反馈

考核评价表见表 6.3.4。

模块六

『存』——酱酒储存

表 6.3.4　考核评价表

序号	评价项目	评价内容	分值	学生组内互评占 20%	学校教师评价占 40%	企业教师评价占 40%	合计
1	职业素养 30 分	分工合理，制订计划能力强，严谨认真	5				
		爱岗敬业、安全意识、责任意识、服从意识	5				
		团队合作、交流沟通能力	5				
		遵守行业规范、现场 6S 标准	5				
		主动性强，保质保量完成工作页相关任务	5				
		能采取多样化手段收集信息，解决问题	5				
2	职业技能 60 分	准备工作充分	10				
		酱酒储存操作规范	20				
		酱酒储存技术娴熟	20				
		操作过程严肃认真、精益求精	10				
3	知识素养 10 分	储存环境对白酒储存的影响	10				
	合计		100				

评价人签名：

时间：

（三）课后习题

请简述酱酒储存管理中对温度、湿度、光照、通风、摆放方式、摆放位置的控制等，以及酒液、密封性、环境等常规检查和防火、防潮、异味源控制等要求。

五、拓展延伸

为什么大家常说酱酒必须储存 3 年？

根据国家《预包装食品标签通则》（GB 7718—2011）的规定：酒精含量大于等于 10% 的饮料酒可免除标示保质期。因此不管什么香型的白酒，如果品质尚可、密封没问题，都可以长期存放。

行业内对几种常见香型白酒的储存期有共识，认为：清香型采用低温大曲固态地缸发酵，储存时间最低为 1 年，通常不超过 15 年；浓香型采用中高温大曲发酵，泥窖固态发酵，储存时间最低为 1 年，通常不超过 20 年；酱香型采用高温大曲发酵，先后经历九轮次蒸煮，高温堆积后，八轮次发酵。储存时间最低为 3 年，存的时间越久越好，暂时没有时间上限。

对于酱酒至少存 3 年的说法，有两个层面的解释：

从化学层面来说：酱酒会随着长时间存放，一直不断产生变化。据研究，通过 GC-MS 对 1 年、2 年、3 年、5 年酒中挥发性成分的变化规律进行分析，研究结果发现，随着白酒储存时间的增加，酯类物质的下降趋势，在 3 年及之后趋于平衡；酸类物质逐渐增多，而醇类物质几乎保持稳定。醛类物质前两年呈现先减少趋势，在第三年开始呈现增加的规律。

从感官层面来说：在不同储存期，我们对白酒的变化有不同的要求与愿望，分别为"脱新""老熟""静养"三个阶段，每个阶段的最低周期是 1 年，所以酱酒的储存是 3 年起步。第 1 年，我们称之为脱新，通过让新酒中辛辣、刺激等杂味物质挥发、转换掉，去掉新酒味。逐渐形成无色透明，香气刺鼻，入口暴辣，余味欠净的感官特征。第 2 年，我们称之为老熟，通过储存，让酒体变得纯正、醇和，富有自己的风格和特点，逐渐形成无色透明、酱香突出、入口醇和的感官特征。第 3 年，我们称之为静养，保证酒的品质，通过长时间储存和沉淀，保持这些好酒、老酒的美好与幽雅，避免往不好的方向转变，逐渐形成透明微黄、酱香突出、入口柔顺、余味悠长的感官特征。第 5~10 年的陈酒，它的感官特征为：透明微黄，酱香、陈香突出，幽雅细腻，醇厚丰满、余味悠长。第 15~20 年及以上的老酒，其感官特征为：透明浅金色，酱香突出、陈香优雅，协调丰满，入口醇厚润滑、幽雅细腻丰满、回味无穷。

经过 3 年的窖藏，新酒的刺激感、粗糙感逐渐消失，酱香味变得浓郁，酒体逐渐醇厚协调，细腻丰满，慢慢形成独特的风格。

对于不同产地的酱香型白酒，其酒体风格还会随着储存时间而发生变化，这些不同的风格都是在窖藏"静养"期间形成的。

模块七

"调"——酱酒勾调

生香靠发酵，提香在蒸馏，成型在勾调，风格靠调味。

勾调就是利用选取出的各类出色的白酒来调和出一款最受欢迎的酒，味道、香气、口感都要达到平衡和协调。勾调技术复杂，需要多年的历练和品尝经验。而勾兑通常指的是将酒精、水和添加剂混合，生产出具有一定香味和口感的白酒。勾兑酒虽然符合相关标准，但口感和品质与纯粮酒相比有一定差距，因此常被认为是"假酒"。

酱酒勾调是指在特定的生产工艺下，将不同年份、不同轮次、不同酒龄、不同香型等级、不同酒精度的基酒按照一定比例进行调配，并添加微量调味酒，使酒体中酸类、酯类、醛类、酚类等微量元素含量达到动态平衡，从而得到口感协调、幽雅细腻、风格典雅的酱香型白酒。

勾调能够提升酒体质量，保证产品的一致性，使产品产生新的口感和香气成分。由于香味物质的相互作用，使有些物质的阈值降低，从而增强产品的个性化，有的基酒有各种不协调的味道，通过酒体勾调，能对缺陷进行有效修正，以及增加酒体多样性。

本模块对勾调所用基酒选择、品评方法、组合及调味进行了详细介绍。

任务一　基酒选择

一、任务导入

小陈在切身感受酱酒储存神秘之旅后，对下一步工序充满兴趣，继续在王师傅的带领下进入酒体中心学习基酒选择。通过参与车间师傅基酒选择操作过程，他将学习基酒取样方法、安全理化指标检测及感官品评操作技能，学会如何判断储存后的基酒是否达到选用标准等，让我们跟随小陈一起探索下吧！

二、任务分析

（一）酒的成分组成

1. 总体描述

白酒的主要成分是乙醇和水，约占总质量的98%以上，其余2%左右的微量成分（主要指酸类、醇类、酯类和醛类化合物）才是形成白酒独特风味的主要物质（见图7.1.1），它们的含量与量比关系决定了各种香型独特的风味特征。

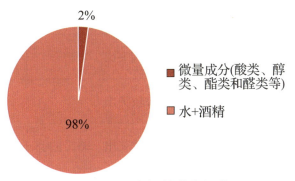

2%

■ 微量成分(酸类、醇类、酯类和醛类等)

■ 水+酒精

98%

图 7.1.1　白酒的成分组成

2. 白酒中微量香味成分

白酒的微量成分是构成白酒香味和风格的重要物质。其中，酸类物质主要包括两类：

一类是乙酸、己酸、丁酸等能烘托酒的主体香的挥发性酸；另一类是乳酸、苹果酸、柠檬酸等对酒的后味起着缓冲平衡作用的非挥发性酸。

醇类物质除乙醇外，以异戊醇、异丁醇、正丙醇、正丁醇等为主，适量的醇类可以增加酒的醇厚感和丰满度，但其含量过高可能会产生苦涩和刺激的口感。它们具有甜度高、黏性大的特点，是香与味过渡的"桥梁"。

酯类物质以乙酸乙酯、乳酸乙酯、己酸乙酯、丁酸乙酯四大酯类为主，占总酯的90%以上，这些酯类是决定白酒香型和形成白酒香味的主要成分。它们可以在不同程度上增加酒的香气，使人产生愉悦感。

醛类物质以乙醛、甲醛、糠醛、丁醛为主，从安全角度出发，其含量应低于0.002%，乙醛和水具有良好的亲和性，能增强酒体的刺激感，起到助香的作用。

3. 酱香型白酒香味成分复杂

酱香型白酒的香味成分比较复杂，多达1 400余种，其主体香气成分至今尚未有确切的定论，不少研究先后提出4-乙基愈创木酚、吡嗪化合物、呋喃类和吡喃类化合物等物质为酱香型白酒主体香味成分，但对酱香型白酒的香味组分还未彻底弄清楚，还有许多未知的成分及问题等待进一步解决。

（二）基酒类型

1. 七个轮次酒

酱香型白酒的基酒存在七个轮次，每一轮次的酒在风味、酒精度、生产工艺等方面均存在一定差异（见表7.1.1）。酱香型基酒按轮次分为一轮次、二轮次、三轮次、四轮次、五轮次、六轮次、七轮次。

表7.1.1　七轮次酒风格特点

轮次	色泽	香气	口味
一轮次酒	无色（或微黄）透明，无杂质、无悬浮物和沉淀	有酱香、生沙香明显	酒体微酸、味涩、味较短
二轮次酒	无色（或微黄）透明，无杂质、无悬浮物和沉淀	酱香明显、稍带生沙香	酒体较醇和、较甜、味较短
三轮次酒	无色（或微黄）透明，无杂质、无悬浮物和沉淀	酱香较突出、带粮香	酒体酸甜味适中、较醇厚、味较长
四轮次酒	无色（或微黄）透明，无杂质、无悬浮物和沉淀	酱香较突出	酒体较醇厚、干净、味长
五轮次酒	无色（或微黄）透明，无杂质、无悬浮物和沉淀	酱香较突出、略带曲香	酒体较醇厚、回味悠长
六轮次酒	无色（或微黄）透明，无杂质、无悬浮物和沉淀	酱香较突出、带曲香	酒体较醇厚、味长
七轮次酒	无色（或微黄）透明，无杂质、无悬浮物和沉淀	酱香较突出、带曲香、带焦煳香	酒体较醇厚、味较长

2. 三种典型体

酱香型白酒基酒因其窖池内不同位置（上层、中层、下层）所对应原辅料配比、微生物种类、含氧量、水分、发酵温度、接触介质等多因素之间的差异性而形成了"上层酱香、中层醇甜香、下层窖底香"三种典型体（见表7.1.2）。

表 7.1.2　三种典型体风格特点

典型体	色泽	香气	口味
酱香	无色（或微黄）透明，无杂质、无悬浮物和沉淀	酱香突出	口感幽雅细腻，余香悠长
醇甜香	无色（或微黄）透明，无杂质、无悬浮物和沉淀	味道醇甜协调	入口柔和，带有甜味
窖底香	无色（或微黄）透明，无杂质、无悬浮物和沉淀	带有窖泥香味	味道柔和细腻，凸显柔和

3. 三种等级

酱香基酒按等级分为优级酒、一级酒、二级酒三种（见表7.1.3），各酒企主要以酒体感官和理化指标为质量等级判定依据。

表 7.1.3　三种等级风格特点

等级	色泽	香气	口味
优级酒	无色（或微黄）透明，无杂质、无悬浮物和沉淀	酱香突出、香气幽雅、空杯留香持久	酒体醇厚、丰满、诸味协调、回味悠长
一级酒	无色（或微黄）透明，无杂质、无悬浮物和沉淀	酱香较突出、香气舒适、空杯留香较长	酒体醇厚、丰满、诸味协调、回味悠长
二级酒	无色（或微黄）透明，无杂质、无悬浮物和沉淀	酱香明显、有空杯香	酒体较醇和协调、回味较长

4. N 年份酒

酱香型白酒要储存 3 年以上，在储存过程中，各种微量香味成分经氧化还原等化学反应，使酯、酸、醇、醛在动态上逐步趋于平衡。

5. $63N$ 种基酒

以重阳下沙为始，酱香型白酒的酿造以一年为一个周期，共有 7 个轮次取酒。根据基酒感官特征，将每轮次的原酒分为酱香、醇甜、窖底 3 种典型体。在 7 个取酒轮次、3 个典型体的基础上，对基酒进行 3 个等级划分，即优级酒、一级酒、二级酒。也就是说，仅一年一批次酿造环节就可得到 63 种原酒，即 7 轮次酒 ×3 典型体酒 ×3 种等级酒 =63 种原酒，再经储存至一定年限（N 年），便形成 $63 \times N = 63N$ 种酱香基酒。

（三）基酒的取样要求

基酒选择的第一个环节是取样，取样时的注意事项及操作要求如下：

（1）安全防护：佩戴适当的个人防护装备，如防静电服装、安全帽、防护口罩等，以便做好自身防护，同时保证酒样质量和安全性。

（2）取样环境：取样应在清洁、干燥、无异味的环境中进行，以避免外界因素对基酒造成污染。

（3）选择容器：使用干净、无异味的玻璃瓶或不锈钢容器来采集酒样，避免使用可能影响酒质的塑料容器，以避光、惰性及食品级材质容器为宜。

（4）清洁工具：在取样前，彻底清洁和消毒取样工具，如移液器、抽酒泵或酒提子，以防止交叉污染。

（5）取样方法：取样时应从基酒储存容器中均匀取样，确保取样的代表性。同时，取样量应适中，既能满足检测需求，又不对基酒储存造成影响。

（6）取样前：搅匀整罐/整坛酒，以确保获得更均匀、更具代表性的样品，如果整罐/整坛酒样不均匀，可能会存在浓度差异或成分分布不一致的情况，通过搅匀，我们可以得到更具代表性的样品，使其更能反映罐内酒体的整体特征。

（7）取样后：立即关闭取样阀门或盖上坛盖，以防止酒液与空气接触，避免酒液挥发、氧化和变质等情况发生。

（8）取样记录：取样过程中应详细记录取样时间、地点、基酒批次、取样量等信息，以便后续追溯和分析。

（9）样品保存：酒样运输及储存应满足密封、阴凉、通风、恒温、干燥、清洁等条件，采集酒样应尽快进行检测和分析。

（四）基酒的理化分析

基酒的理化分析检测是评估基酒品质、安全性和风味特性的重要手段，以下是基酒理化分析检测的主要内容。

（1）酒精度检测：表示酒中含乙醇的体积百分比，通常是以 20℃时的体积比表示，是判断白酒是否为酒的重要依据，只有酒精含量达到一定标准的饮品才能被称为酒，酒精度是基酒的重要指标之一，影响基酒的口感和风味。

（2）总酯：是白酒中多种酯的总称，它是白酒中重要的呈香呈味物质，主要包括乙酸乙酯、乳酸乙酯、己酸乙酯、丁酸乙酯等。

（3）总酸：是白酒中多种酸的总称，适量的酸在酒中能起到缓冲作用，可消除酒饮后上头、口味不协调等现象，主要包括乙酸、乳酸、己酸、丁酸等。

（4）固形物：是指在测定的温度（100~105℃）下，经蒸发排出乙醇、水分和其他挥发性组分后的残留物。酿造用水中的无机成分是固形物的主要来源，如果水中有较大量的无机盐和难溶物，不仅会使成品酒固形物超标，也会影响酒的口味，甚至出现沉淀或浑浊，这样的水质必须经处理才能使用。

（五）感官品评

1. 品评的概念

白酒的品评又称尝评或鉴评，是利用人的感觉器官（视觉、嗅觉、味觉、触觉）来鉴别白酒质量优劣的一门检测技术（见图7.1.2）。它是一种快速、简便、灵敏的检验方法，人的嗅觉非常灵敏，较短的时间就可以检测出白酒中的一些呈香呈味物质。例如，健康的人在空气中能够瞬间闻出浓度为0.03ppm[①]的麝香；而气相色谱只能检测出浓度为0.3ppm的麝香，人对正己醛的灵敏度是气相色谱的10倍（见图7.1.3）。目前为止，还没有任何先进分析仪器可以在较短的时间里鉴别出白酒中的酸、甜、苦等味道，而一名品酒师却可以在很短的时间内就能尝评出这几种味来。

图 7.1.2　感官鉴别

图 7.1.3　气相色谱检测

2. 品评的作用

白酒品评在白酒产业中扮演着至关重要的角色，其作用可以从多个维度进行细讲。

（1）确定质量等级。品评是确定白酒质量等级的重要依据。通过专业品酒师的品鉴，可以准确判断白酒的品质优劣，从而对其进行分级。

（2）检验产品。品评是检验白酒产品质量的重要手段。在生产过程中，通过品评可以及时发现产品质量问题，如异味、杂质等，从而及时采取措施进行纠正。

（3）监督产品质量。品评也是生产管理部门检查监督产品质量的有效手段。通过对同行业同类产品的品评对比，可以及时了解各企业的产品质量水平和差异。

（4）生产工艺优化。品评结果可以反馈到生产工艺中，指导酒体设计及生产工艺的优化。例如，根据品评结果调整原料配比、发酵时间、蒸馏温度等参数，以改善白酒的口感和香气。

---

① 　1ppm=1×10^{-6}。

（5）发现生产问题。品评像眼睛一样监视着酿酒生产的每一个环节，能够及时发现生产中的问题。这有助于企业及时采取措施进行整改，提高产品质量。

（6）辅助勾兑与优化调味。

①辅助勾兑。品评是辅助勾兑和检验勾兑效果快速且灵敏的手段。在勾兑过程中，通过反复品评和调整，可以确保勾兑后的白酒达到预期的口感和香气。

②优化调味。品评还可以指导调味工作。通过品评不同调味酒的口感和香气特点，可以合理选择调味酒的种类和用量，使白酒的口感更加协调、丰富。

（7）推动产品创新与研发。

①通过品评不同品牌、不同风格的白酒，可以了解市场趋势和消费者需求。这有助于企业根据市场需求进行产品创新和研发。

②品评结果的反馈可以推动白酒生产技术的进步。例如，通过品评发现某些新工艺或新技术对白酒品质的提升有明显效果，企业就可以积极引进和应用这些技术。

（8）助力市场营销与品牌建设。

①提升品牌形象。高品质的白酒品评结果可以提升企业的品牌形象和知名度。消费者在选择白酒时，往往会参考品评结果和专家意见。

②促进销售。品评结果还可以促进白酒的销售。通过举办品评会、品鉴会等活动，可以吸引消费者的关注和参与，从而提高白酒的知名度和销量。

（9）打击假冒伪劣产品。品评也是鉴别假冒伪劣白酒的重要手段。通过对比真假白酒的口感、香气等特点，可以准确识别出假冒伪劣产品。

综上所述，白酒品评在白酒产业中具有多方面的作用。它不仅有助于质量控制与监督、生产工艺优化、勾兑与调味等方面的提升，还能推动产品创新与研发、市场营销与品牌建设以及助力打击假冒伪劣产品等。因此，白酒品评对于白酒产业的健康发展具有重要意义。

（六）基酒的选用原则

基酒选择时，在充分了解市场口味需求和本厂基酒贮备的前提下，必须对酒库内储存的不同类型基酒进行取样、理化分析和尝评，即在综合考量目标酒体、基酒数量、理化指标、感官鉴定、成本分析等多因素后，认真选出符合设计要求的基酒。

（1）满足国家法律法规及标准。基酒的生产过程应严格遵守国家相关法律法规，包括原辅料的选择、生产工艺的规范以及质量控制的要求；基酒的质量指标应符合国家规定的标准，确保其品质稳定、安全可靠；所使用的贮酒容器应符合国家的食品安全标准，禁止使用违禁材质或受到污染的容器。

（2）满足市场风味需求。酒体设计人员深入目标市场调研，收集消费者对酱香型白酒产品提出的意见及改进措施，确保收集到的市场信息贴合消费者消费习惯，保证选用的基酒满足消费者的口味需求。

（3）保证产品稳定性。制定并严格执行标准化的基酒选用流程，规范操作步骤和检测项目，减少人为因素对产品稳定性的影响，如取样是否具有代表性和均一性，理化分析和感官品评是否具有可重复性。

（4）保证产品延续性。调查基酒库存情况，准确掌握基酒库存的详细数量、质量情况、产品持续生产能力等信息，这样在生产过程中就不会出现断供的情况，保证产品的延续性。

（5）成本适中原则。不同成本的基酒可以满足不同市场定位的产品需求。例如，高端产品可能需要使用高质量、高成本的基酒，而中低端产品可以选择相对较低成本的基酒，以适应不同消费人群的购买力和需求。考虑基酒的成本不仅关乎当前的生产，也会对企业的长期经济效益产生影响。

三、任务实施

小陈在学习酱酒储存工艺流程后，跟随王师傅继续学习基酒选择的三个步骤：取样；理化指标检测；感官品评。

将学生分为 4~6 人一组，领取实验材料与试剂，填写小组任务分配表（见表 7.1.4）。

表 7.1.4　小组任务分配表

第　组	姓名	分工
组长		
组员		
组员		
组员		
组员		
组员		

（一）取样

（1）小陈身穿防静电服装，戴安全防护帽。

（2）进行全身卫生消毒，保持自身清洁。

（3）携带气管、长柄酒提子、取样容器。

（4）操作：

①核对取样坛信息（编号、品名、批次、储存日期等）；

②打开坛盖，开启气泵利用气管将整坛酒搅拌均匀，将长柄酒提子伸入坛内盛出酒

模块七

「调」——酱酒勾调

样置于取样容器内，取样结束后盖上坛盖，并检查坛盖和坛体密封情况；

③做好取样记录，记录取样地点、坛号、取样量、时间、取样人等信息（见表7.1.5）。

表 7.1.5　基酒取样记录

取样日期	容器编号	品名	批次	数量 /kg	取样人

（二）理化指标检测

按照下列要求，分小组进入检测分析室对前期所取酒样质量进行检验。

（1）学生对周围环境进行清洁，对自身进行全身卫生消毒，保持自身清洁。

（2）按分工完成下列分析项目，并填写表7.1.6。

表 7.1.6　检测项目表

分析项目	检测结果	是否达标
酒精度 /（%vol）		
总酸 /（g·L^{-1}）		
总酯 /（g·L^{-1}）		
固形物 /（g·L^{-1}）		
色泽		
香气		
口味		

理化指标为基酒质量评价提供技术依据，理化项目及检验方法见表7.1.7。

表 7.1.7　理化项目及检验方法

项目名称	指标	检验方法
酒精度 /（%vol）	35.0~58.0	GB 5009.225
总酸 /（g·L^{-1}）	≥ 1.40	GB 12456
总酯 /（g·L^{-1}）	≥ 2.00	GB/T 10345
固形物 /（g·L^{-1}）	≤ 0.70	

1. 酒精度的测定

（1）试样溶液的测定：将试样溶液注入洁净、干燥的量筒中（具体的试样体积和量筒须根据酒精计的要求决定），静置数分钟，待试验中气泡消失后，放入洁净、擦干的酒精计，再轻轻按一下，不应接触量筒壁，同时插入温度计，平衡约 5 min，水平观测，读取与凹液面相切处的刻度示值，同时记录温度。

（2）分析结果计算：根据测得的酒精计（见图 7.1.4）示值和温度，查标准 GB 5009.225 附录 B，换算成 20℃时样品的酒精度，以体积分数"%vol"表示。以重复性条件下获得的 2 次独立测定结果的算术平均值表示，结果保留至小数点后 1 位。

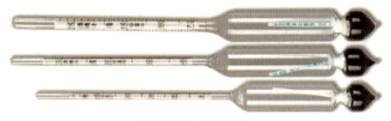

图 7.1.4　酒精计

2. 总酸的测定

（1）待测溶液制备：用移液管吸取 25.0 mL 试样至 250 mL 容量瓶中，用无二氧化碳的水定容至刻度，摇匀。用快速滤纸过滤，收集滤液，用于测定。

（2）试验样品检测：根据试样总酸的可能含量，使用移液管吸取 25 mL、50 mL 或者 100 mL 试液，置于 250 mL 三角瓶中，加入 2~4 滴（10 g/L）酚酞指示液，用 0.1 mol/L 氢氧化钠标准滴定溶液（若为白酒等样品，总酸 ≤ 4 g/kg，可用 0.01 mol/L 或 0.05 mol/L 氢氧化钠滴定溶液）滴定至微红色 30 s 不褪色。记录消耗 0.1 mol/L 氢氧化钠标准滴定溶液的体积数值。酸碱式滴定管示例见图 7.1.5 和图 7.1.6。

图 7.1.5　碱式滴定管

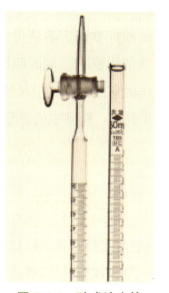

图 7.1.6　酸式滴定管

模块七

「调」——酱酒勾调

（3）空白样品：按试验样品检测操作，用同体积无二氧化碳的水代替试验样品做空白试验，记录消耗氢氧化钠标准滴定溶液的体积数值。

（4）结果计算：总酸的含量按下式计算。

$$X = \frac{[c \times (V_1 - V_2)] \times k \times F}{m} \times 1\,000$$

式中：X——试样中总酸的含量，单位为 g/kg 或 g/L；

c——氢氧化钠标准滴定溶液的浓度，单位为 mol/L；

V_1——滴定试液时消耗氢氧化钠标准滴定溶液的体积，单位为 mL；

V_2——空白试验时消耗氢氧化钠标准滴定溶液的体积，单位为 mL；

k——酸的换算系数：苹果酸为 0.067，乙酸为 0.060，酒石酸为 0.075，柠檬酸为 0.064，柠檬酸（含一分子结晶水）为 0.070，乳酸为 0.090，盐酸为 0.036，硫酸为 0.049，磷酸为 0.049；

F——试液的稀释倍数；

m——试样的质量，单位为 g 或吸取试样的体积，单位为 mL；

1 000——换算系数。

计算结果以重复性条件下获得的两次独立测定结果的算术平均值表示，结果保留到小数点后两位。

3. 总酯的测定

（1）用移液管吸取样品 50 mL 于 250 mL 回流瓶中，加 2 滴酚酞指示液，以氢氧化钠标准滴定溶液滴定至微红色 30 s 不褪色（切勿过量），记录消耗氢氧化钠标准滴定溶液的毫升数。

（2）取氢氧化钠标准滴定溶液 25 mL（若样品总酯含量高，可加入 50 mL），摇匀，放入几颗沸石或玻璃珠，装上冷凝管（冷却水温度宜低于 15℃），于沸水浴上回流 30 min，取下，冷却。

（3）用硫酸标准滴定溶液进行滴定，使红色刚好完全消失为其终点，记录消耗硫酸标准滴定溶液的体积 V_1。同时吸取乙醇（无酯）溶液（40%，体积分数）50 mL，按上述方法同样操作做空白试验，记录消耗硫酸标准滴定溶液的体积 V_0。

（4）结果计算：样品中的总酯含量按下式计算。

$$X_1 = \frac{c_1 \times (V_0 - V_1) \times 88}{50} \times 1\,000$$

式中：X_1——样品中总酯含量，以质量浓度表示（以乙酸乙酯计），单位为 g/L；

c_1——硫酸标准滴定溶液的实际摩尔浓度，单位为 mol/L；

V_0——空白试验样品消耗硫酸标准滴定溶液的体积，单位为 mL；

V_1——样品消耗硫酸标准滴定溶液的体积，单位为 mL；

88——乙酸乙酯的摩尔质量，单位为 g/mol $[M_{(CH_3COOC_2H_5)} = 88]$；

50——吸取样品的体积，单位为 mL。

计算结果表示至小数点后两位。

4. 固形物的测定

（1）试验步骤：吸取酒样 50 mL，注入已烘干至恒重的 100 mL 瓷蒸发皿或玻璃蒸发皿内，置于沸水浴上，蒸发至干。然后将蒸发皿放入（103±2）℃电热干燥箱（见图 7.1.7）内，烘 2 h，取出，置于干燥器内 30 min，称量。再放入（103±2）℃电热干燥箱内，烘 1 h，取出，置于干燥器内 30 min，称量。重复上述操作，直至恒重（精确到 0.002 g）。

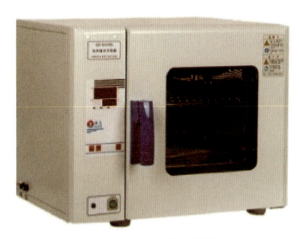

图 7.1.7　电热干燥箱

（2）结果计算：样品中的固形物含量按下式计算。

$$X_3 = \frac{m - m_1}{50} \times 1\,000$$

式中：X_3——样品中固形物含量，以质量浓度表示，单位为 g/L；

　　m——固形物和蒸发皿的质量，单位为 g；

　　m_1——蒸发皿的质量，单位为 g；

　　50——取样品的体积，单位为 mL。

计算结果表示至小数点后两位。

（三）感官品评

白酒的品评主要包括色泽、香气和口味三个方面。

品酒步骤如下：

1. 第一步：眼观其色

白酒色泽的评定是通过人的眼睛来完成的。

（1）把酒样放在评酒桌的白纸上，用眼睛正视和俯视，观察酒样有无色泽和色泽深浅，同时做好记录。

（2）观察透明度、有无悬浮物和沉淀物。此时，要把酒杯拿起来，然后轻轻摇动，使酒液游动后进行观察。

模块七

「调」——酱酒勾调

（3）根据观察，对照标准酒样，打分并做出色泽的鉴定结论。

2. 第二步：鼻闻其香

白酒的香气是通过鼻子判断确定的。

（1）鼻子和酒杯的距离要一致，一般在 1~3 cm。

（2）吸气量要均匀一致，不要忽大忽小，吸气不要太猛。

（3）嗅闻时，只能对酒吸气，不要呼气。

（4）根据嗅闻情况，对照标准酒样，打分并做出香气的鉴定结论。

3. 第三步：口尝其味

白酒的口味是通过味觉确定的。将盛酒样的酒杯端起，吸取少量酒样于口腔内，品尝其味。在品尝时要注意：

（1）每次入口量要保持一致，以 0.5~2.0 mL 为宜。

（2）酒样布满舌面，仔细辨别其味道。

（3）酒样下咽后，立即张口吸气，闭口呼气，辨别酒的后味。

（4）根据品尝情况，对照标准酒样，打分并做出口味的鉴定结论。

4. 第四步：综合判定

根据色、香、味的鉴评情况，综合判定白酒的典型风格特征。

四、考核评价

（一）企业教师对学生实训过程进行点评

企业教师评价表见表 7.1.8。

表 7.1.8 企业教师评价表

序号	评价内容	满分	实得分
1	课前准备充分，实验后桌面整洁，实验器材摆放整齐	10	
2	操作过程准确、熟练	20	
3	实验记录清楚准确	20	
4	通过实验，掌握该节基本理论知识与方法	25	
5	理论联系实践，能将课堂知识应用到实际情境中	25	
总评：			

（二）评价反馈

考核评价表见表 7.1.9。

表 7.1.9　考核评价表

序号	评价项目	评价内容	分值	学生组内互评占 20%	学校教师评价占 40%	企业教师评价占 40%	合计
1	职业素养 30 分	分工合理，制订计划能力强，严谨认真	5				
		爱岗敬业、安全意识、责任意识、服从意识	5				
		团队合作、交流沟通能力	5				
		遵守行业规范、现场 6S 标准	5				
		主动性强，保质保量完成工作页相关任务	5				
		能采取多样化手段收集信息，解决问题	5				
2	职业技能 60 分	准备工作充分	10				
		基酒选择规范	20				
		尝评是否符合标准	20				
		取样操作过程严肃认真、精益求精	10				
3	知识素养 10 分	基酒勾调原理	5				
		品评的原理	5				
	合计		100				

评价人签名：

时间：

129

（三）课后习题

1. 总酯是白酒中多种酯的总称，它是白酒中重要的呈香呈味物质，主要包括哪四种成分？总酯的测定原理是什么呢？

2. 在实际操作过程中，你认为感官品评与气相色谱技术各自分别有哪些优缺点？

3. 论述如何检验基酒质量是否符合标准。

五、知识延伸

OAV（香气活力值）的由来

香气是食品风味的重要组成部分，是衡量食品质量的重要指标之一，也是消费者选择食品的重要依据。香气成分的组成差异构成了食品的香气特征，也赋予其各种各样的独特风味。过去，科研工作者对食品香气研究主要集中在香气成分定性定量分析上，发现食品中存在着十几种、几十种甚至成百上千种挥发性香气成分，并获得大量香气成分及其组成差异的相关数据，但究竟是哪些成分对食品香气起关键作用其并未给予回答。甚至很长一段时间内，人们在香气成分对体系香气贡献度上往往存在认识误区，主要体现在仅以香气成分在体系中的浓度这一个维度衡量其对体系的贡献度，从而导致无法在技术层面上全面、准确地区分食品香气的特征差异。

感官评定是一种可直接鉴别食品风味的有效方法，但其不能用于解决香气成分对体系贡献度的问题。20世纪60年代，Rothe等为表征面包香气特点，通过感官评定的方法获得香气成分阈值，并结合仪器分析获得相应的香气成分浓度，从而首次提出芳香值（aroma value）的概念，其认为当芳香值不小于1时香气成分对体系的香气有贡献，其值越高贡献越大，反之则其对香气贡献可以忽略。其后，香味研究领域又相继提出香气单元（odor unit）、香味单元（flavor unit）等概念，实际上，上述不同概念均表达相同的内在含义；直到20世纪80年代，Acree等为了定量表征食品中挥发性香气成分的贡献度，又以香气活力值（odor activity value，OAV）替代了上述名称，此后相关研究均采用OAV来表征香气成分对体系的贡献度，并沿用至今。这些研究表明，香气成分对食品香气体系的贡献不仅仅取决于其浓度，更是与其自身阈值密切相关，因此需从浓度和阈值两个维度进行综合判定。

OAV是指香气成分在香气体系中的绝对或质量浓度（ρ）与其香气或感觉阈值（T）的比值，即OAV $= \rho/T$。OAV概念的提出为解决香气成分对体系香气贡献度问题提供了重要的科学依据和技术手段。一方面，由于香气成分分子结构和化学组成不同，且人体鼻腔嗅觉受体细胞对香气成分特异性结合的程度不同，因此，人们对不同香气成分的嗅觉敏感性差异很大，进而导致各香气成分之间阈值存在不同程度差异；另一方面，各香气成分在食品香气体系中浓度不同。因此，在食品香气体系中，各香气成分OAV存在明显差异；通过比较分析这种差异可确定不同成分在食品香气体系中的贡献度，从而判定哪些成分对食品香气起着关键作用。

任务二　组合调味

知识目标：了解基酒组合的原理。
　　　　　了解基酒调味的方法。
能力目标：学会组合调味的操作流程。
素养目标：培养学生精益求精的工匠精神。

一、任务导入

　　小陈在体验基酒选择工序后，对基酒的成型方式产生了疑问，并对组合调味产生了浓厚的兴趣。休息片刻，王师傅带着小陈来到了组合调味工艺所在的车间继续学习。通过对酒库内不同典型体、不同轮次、不同等级的基酒进行取样尝评和理化分析，选出符合要求的基酒，再按照选定的方案来进行组合、调味。

　　组合调味对形成具有独特风味的酱香型白酒具有重要作用。让我们跟随小陈和王师傅的步伐，一起开启组合调味的探索之旅。

二、任务分析

（一）组合概述

1. 组合概念

　　所谓组合，就是将不同香气、风格的各轮次基酒按照一定比例与方法进行混合，使其初步成型。其原理主要是将酒中各种微量成分以不同的比例兑加在一起，使分子间重新排布和结合，通过相互补充、平衡，烘托出主体香气和形成独特的风格特点。酿造是开放作业、多菌共同发酵的过程，影响酒质的因素很多，因此不同季节、班组、窖池和轮次所产的酒质量均不一致。如果不经过组合，产出原酒储存后，直接包装出厂，会使得酒质极不稳定，通过组合就可弥补缺陷，取长补短，达到提高酒质的目的。

2. 组合要求

　　组合基础酒的质量好坏直接影响到调味工作的难易和产品质量的优劣。如果基础酒质量不好，就会增加调味的困难，增加调味酒的用量，既浪费精华酒，又容易发生异杂味和香味"挫味"等不良现象，以致反复多次都难以调出好的成品酒。基酒组合是一个十分重要而又细致的工作，组合时应注意：一是掌握合格酒的各种情况，除了解酒样理化指标、感官特征外，还应明晰每个容器酒的数量、酒龄、酒度、窖别、产酒日期等信息；二是批量组合前必须先进行小样组合，通过小样组合可逐渐认识各种酒的性质，了解不同酒质的变化规律，不断总结经验；三是做好组合记录，从数字积累中总结经验，从组合实践中摸索规律提高组合技能。

（二）调味概述

1. 调味概念

调味是在基础酒的基础上进行的一项工艺加工技术，通过利用极少量的精华酒，弥补基础酒在香气和口味上的欠缺程度，使其优雅丰满，从而提高基础酒的质量。每种白酒的香型和风格是由各种酒中所含芳香物质的不同含量和比例而形成的，酒中各种微量物质通过它们相互间的缓冲、协同、烘托来达到平衡作用，从而具备不同的香型风格和各味协调。调味酒的用量一般为 0.1%~0.3% 就可使基础酒的酒质在某一点上或某些方面得到明显的提高，以弥补基础酒的不足。

2. 调味要求

基础酒调味时需要注意以下五个方面问题：一是各种因素都极易影响酒质的变化，所以在调味工作中，使用的器具必须干净，否则会使调味结果发生差错，浪费调味酒，破坏基础酒。二是准确地鉴别基础酒、认识调味酒，什么基础酒选用哪几种调味酒最合适，是调味工作的关键，这就需要在实践中，不断摸索，总结经验，练好基本功。三是调味酒的用量一般不超过 0.3%（酒精含量不同，用量也异），如果超过一定量，基础酒仍然未达到质量要求，则说明该调味酒不适合该基础酒，应另选调味酒。在调味中，酒的变化很复杂，有时只添加十万分之一，就会使基础酒变坏或变好，因此，在调味时要认真细致，并做好原始记录。四是计量必须准确，否则大批样难以达到小样的标准。五是调味工作完成，需经精滤并存放一段时间后，方能包装成成品酒。

（三）组合调味所需器具

组合调味所需器具图示参见图 7.2.1~ 图 7.2.8。

图 7.2.1　量筒

图 7.2.2　烧杯

图 7.2.3　磨口三角瓶

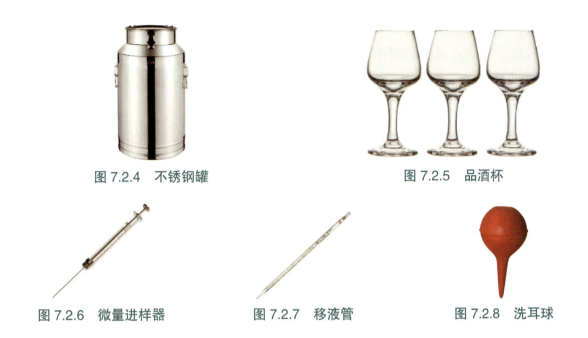

图 7.2.4　不锈钢罐　　　　　　　　图 7.2.5　品酒杯

图 7.2.6　微量进样器　　　图 7.2.7　移液管　　　图 7.2.8　洗耳球

三、任务实施

小陈在师傅的讲解下，对组合调味工艺产生了浓厚的兴趣，于是开始尝试组合调味。按照下列要求，分小组进行小样组合和调味实操。

（1）学生对周围环境进行清洁，对自身进行全身卫生消毒，保持自身清洁。

（2）将学生分为 4~6 人一组，领取实验材料与器具，填写小组任务分配表（见表7.2.1）。

表 7.2.1　小组任务分配表

第　组	姓名	分工
组长		
组员		
组员		
组员		
组员		
组员		

（一）小样组合

按目标酒体香气、口感及风格特征，结合不同酒龄、类别基酒搭配规律，设计出多组针对目标酒体的组合配方，按配方从各贮酒容器中抽取少量样品进行小样组合，以确定最佳组合方案。小样组合时常参考以下三种方法：

（1）经验法。通过掌握各种基酒的特征和功能、理化分析和感官品评检测数据，熟知库存基酒的储存情况，如酒度、酒龄、工艺、贮存容器及数量等，明了酒龄、类别搭

模块七

『调』——酱酒勾调

配规律，找出不同基酒配比关系及规律，确定最佳组合方式。

（2）理化分析法。基酒除感官要达到该香型特有的香气外，还要进行常规理化检验、微量成分色谱分析，了解该基酒的总酸、总酯、总醇、总醛等含量，以保证白酒的基础风格特征。

（3）品评判定法。组合前选样人员依据某坛酒样的色谱分析数据，通过细致品评，明确基酒存在缺陷，进而判断该基酒是否适用于目标酒体的组合，以便针对性筛选出目标酒体组合基酒种类。

（二）组合

（1）根据最终确定的组合方案，将选用各基酒按市场需求量等比例放大，计算各基酒组合数量，按方案设计组合次序利用酒泵和输酒管道将各基酒打入大型组合容器中，每打入一组基酒样，都要充分搅拌均匀。

（2）批量组合样验证。取出 1 L 批量组合后酒样，与小样对照进行感官与理化指标对比。如基本一致，方可算批量组合成功，批量组合形成的基础酒进入下一步调味工序。

（三）调味酒类型

基酒组合成基础酒后，品质得到较大提升，若基础酒已经满足目标酒体风格特征要求，便不需要再进行调味工序，若基础酒不符合产品质量标准，在香气或口味上的某些方面还存在缺陷，就需要调味加以弥补。调味所用到的调味酒是指在香气、味感、指标上有突出特点的酒，酱香型白酒常用调味酒类型及功能见表 7.2.2。

表 7.2.2　酱香型白酒常用调味酒类型及功能

序号	类型	功能
1	酱香调味酒	赋予酒体"酱香突出、口感丰富、后味较长"等风味特点，当基酒的酒体丰满度以及醇厚感不足时，少量加入，即可起到丰富酒体风格以及增加酒体细腻感、酱香味等作用
2	醇甜调味酒	赋予酒体"酱香幽雅、口感更为醇甜柔和、后味净爽"等风味特点，在基酒中适量加入，可使得酒体口感变得更为柔和细腻，且回甜感也更为明显
3	窖底香调味酒	具有"底香以及酱香结合的复合香突出、放香明显、口感醇厚丰满、后味悠长"等特点，在基酒调味时适量加入，可以弥补酒体放香不足的缺陷，并且能够增加酒体的丰满度、后味以及空杯留香时间
4	酒头调味酒	富含低沸点芳香物质的酒头，在调味时可以增加酒体的前香以及喷香感
5	酒尾调味酒	富含有机酸以及多元醇等物质的酒尾，可增加白酒的醇厚感以及增长其后味
6	陈香调味酒	适量加入，可以促进基酒的老熟，增加成品酒的醇厚感以及陈香味

（四）小样调味

（1）准备：基础酒样、调味酒样、调味器具。

（2）品评基础酒：分析其优缺点并给出感官评语。

（3）试调：取 100 mL 基础酒样于烧杯内，按所设置调味酒添加量进行添加，搅拌静置后品评，详细记录每一样品的调味酒类型、添加量及感官评语（见表 7.2.3）。

（4）定样：根据品评结果及综合评分确定调味酒的种类及添加量。

表 7.2.3　调味记录表

序号	调味酒名称	添加量	评语	分值

（五）调味

（1）调味酒用量计算。根据小样调味酒用量的比例，计算正式调味的用量。计算公式为：

$$调味酒用量＝小样调味酒 \% × 基础酒数量$$

（2）调味。按照调味酒用量计算结果将调味酒加到基础酒贮存容器内，充分搅拌均匀。

（3）验证。从调味好的酒中打出 1 L 酒样，与小样对比品尝，判断香气和口味是否相符。若与标准相符，即为初调完毕，继而需作储存验证，7~15 天后进行复评，若与标准相符，即为合格，可包装出厂；若复评变差，即出现所谓"挫味"，应再补调，补调后继续储存，再品尝，直到符合标准为止。

四、考核评价

（一）企业教师评价

企业教师评价表见表 7.2.4。

表 7.2.4　企业教师评价表

序号	评价内容	满分	实得分
1	课前准备充分，实验后桌面整洁，实验器材摆放整齐	10	
2	操作过程准确、熟练	20	
3	实验记录清楚准确	20	
4	通过实验，掌握该节基本理论知识与方法	25	
5	理论联系实践，能将课堂知识应用到实际情境中	25	
总评：			

（二）评价反馈

考核评价表见表 7.2.5。

表 7.2.5　考核评价表

序号	评价项目	评价内容	分值	学生组内互评占 20%	学校教师评价占 40%	企业教师评价占 40%	合计
1	职业素养 30 分	分工合理，制订计划能力强，严谨认真	5				
		爱岗敬业、安全意识、责任意识、服从意识	5				
		团队合作、交流沟通能力	5				
		遵守行业规范、现场 6S 标准	5				
		主动性强，保质保量完成工作页相关任务	5				
		能采取多样化手段收集信息，解决问题	5				
2	职业技能 60 分	准备工作充分	10				
		准确选择调味酒	20				
		把握正确调味酒的需要量	20				
		操作过程严肃认真、精益求精	10				
3	知识素养 10 分	组合调味的原则	5				
		组合调味的方法	5				
	合计		100				

评价人签名：

时间：

（三）课后习题

1. 酱酒调味酒的类型主要有哪些？

2. 请简述基酒组合的原理。

3. 在本次任务实训过程中，你认为需要做好哪些方面工作才能组合出好的基础酒、调制出好的成品酒？

风味的变迁现象

物质风味常存在以下五种变迁现象：一是浓度。不同浓度所对应风味特征不相一致，同一物质因浓度不同而香臭各异，香精浓度大时是臭的，但稀释后就成了香水。二是温度。不同温度条件下所呈现风味特征也不相同，呈味物质在不同温度下，其强度不同，口感不一样，同样浓度温度高的苦味、咸味比温度低时要强；温度低时，甜味、酸味强，所以清凉饮料要冷饮，白酒品评以 15~20℃为宜。三是溶媒。一些呈味物质溶于不同溶媒中时，其呈味也不同，如有些氨基酸溶于水中微甜，溶于乙醇中则呈苦味。四是易位。同一种物质在某种食品中是重要香气成分，而在另一食品中却成为臭味。五是复合（不同香味物质的相互作用）。两种以上香味物质混合时，与单体的呈香有很大变化，其中包括中和、抵消、抑制、加强效果、变味、混合味觉。

成品酒包装前的工序——过滤

经过组合调味工序所制得成品酒，在灌装以前都会经过过滤处理，过滤是基于以下几方面原因：一是成品酒中有些微量成分溶于乙醇但不溶于水，在对原酒进行降度处理时，这些物质会析出使酒体发生混浊影响色泽外观，需利用过滤技术将这些物质除去，保证酒体清澈透明。二在酒体勾调的过程中，有些酒由于储存等原因酒体会出现少量杂质及异常颜色等现象，需要加活性炭吸附剂进行吸附处理。行业内目前用于白酒过滤的方法主要有活性炭吸附法、冷冻过滤法、淀粉吸附法、离子交换法、无机矿物质吸附法、分子筛及超滤法等。

参 考 文 献

［1］李大和. 白酒酿造培训教程［M］. 北京：中国轻工业出版社，2013.

［2］李大和. 白酒生产问答［M］. 北京：中国轻工业出版社，1999.

［3］沈怡方. 白酒生产技术全书［M］. 北京：中国轻工业出版社，1998.

［4］傅金泉，黄建平. 我国酿酒微生物研究与应用技术的发展［J］. 酿酒科技，1996（5）：17-19.

［5］章克吕，酒精与蒸馏酒工艺学［M］. 北京：中国轻工业出版社，2010.

［6］肖冬光. 白酒生产技术［M］. 北京：化学工业出版社，2009.

［7］任鹿海，孙前聚，田以清，等. 使用不同比例的高温曲酿酒试验研究［J］. 酿酒，1992（1）：25-27.

［8］沈怡方. 创新是白酒生产技术发展的核心［J］. 酿酒，2010，37（6）：3-4.

［9］全国食品发酵标准化中心. 白酒标准汇编（第4版）［M］. 北京：中国标准出版社，2013.

［10］官常清，张福荣，甘霖耀，等. 酱香型白酒润粮方式对基酒产质的影响［J］. 酿酒科技，2024（11）.

［11］邱声强，唐维川，赵金松，等. 酱香型白酒生产工艺及关键工艺原理简述［J］. 酿酒科技，2021（5）：86-92.

［12］崔守瑜，戴奕杰. 酱香型白酒发酵过程中微生物及其酒醅变化分析［J］. 酿酒科技，2021（6）：65-68.

［13］李寻，申康帅. 酱香型白酒［J］. 休闲读品，2022（2）：95-141.

［14］钟敏，张健. 原料糯高粱对酱香型白酒品质影响的研究现状［J］. 中国酿造，2022，41（1）：32-36.

［15］时伟，郑红梅，柴丽娟，等. 酒用高粱的营养成分及其酿造性能研究进展［J］. 食品与发酵工业，2022，48（21）：307-317.

［16］杨飞，沈才洪，张洪远，等. 酱香型白酒造沙轮次堆积新工艺研究［J］. 酿酒科技，2012（4）：35-38.

［17］沈毅，吴先远，代锐，等. 一种酱香型白酒酿造中的糊化工艺：CN103013759B［P］. 2014-07-23.

［18］王永亮，王明宇，谢又祥. 中国酱香型白酒酿造工艺中下沙、造沙润粮过程的科学原理及技术应用［M］. 北京：科学出版社，2020.

［19］邓皖玉，许永明，程伟，等. 润粮工艺对酱香型白酒生产的影响［J］. 酿酒科技，2021（1）：36-41.

［20］李红英，胡永凯. 现代科技在酱香型白酒酿造中的应用与展望［J］. 食品科技，2021，46（3）：38-43.

［21］张国强. 白酒技术发展趋势的思考［J］. 酿酒，2005（6）：10-15.